全解家装图鉴系列

# 一看就懂的
# 装修水电书

理想·宅 编

中国电力出版社
CHINA ELECTRIC POWER PRESS

## 内容提要

本书以通俗易懂的文字搭配相应的图片和简洁明了的版式，讲解了家庭装修水电改造知识。内容包括水电改造的基础知识、水电改造常用的材料、如何看水电图、水路改造施工知识和电路改造施工知识。由浅入深，以一看就懂的形式让读者能够迅速地学会家装水电知识。本书适合家装业主、希望从事家装行业的水电工、即将学水电就业者等相关人员阅读和参考。

## 图书在版编目（CIP）数据

一看就懂的装修水电书 / 理想·宅编 . — 北京：中国电力出版社，2017.1（2018.5 重印）
（全解家装图鉴系列）
ISBN 978-7-5123-9823-8

Ⅰ．①一⋯ Ⅱ．①理⋯ Ⅲ．①房屋建筑设备 - 给排水系统 - 建筑安装 - 图解
②房屋建筑设备 - 电气设备 - 建筑安装 - 图解 Ⅳ．① TU82-64 ② TU85-64

中国版本图书馆 CIP 数据核字 (2016) 第 231112 号

中国电力出版社出版发行
北京市东城区北京站西街19号　　100005　　http://www.cepp.sgcc.com.cn
责任编辑：胡堂亮　曹　巍　　责任印制：蔺义舟　　责任校对：常燕昆
北京博图彩色印刷有限公司印刷·各地新华书店经售
2017年1月第1版·2018年5月第3次印刷
710mm×1000mm 1/16·15印张·318千字
定价：48.00元

# 前言 Preface

　　家装水电工程属于隐蔽工程的范畴。隐蔽工程顾名思义就是后期会被掩盖起来的工程，这一类工程如果在施工过程中不够仔细，后期一旦出现问题，维修起来非常麻烦，严重的还会破坏装修好的墙面、地面，造成人力、物力上的浪费，更重要的是，电路工程直接关系到人们日常生活的安全问题，不论是材料的质量没有把好关，还是施工过程不严格，都可能会引发严重的后果。

　　水电知识属于较为专业的领域，非专业人士很难做透彻的了解。《一看就懂的装修水电书》以家装水电知识为编写基础，以图文并茂的形式、简洁明了的版式设计，将较为杂乱的专业知识，按照大的块面进行整合。将专业知识化繁为简，使读者在阅读本书后，能够对水电工程从头到尾有一个基本的了解，无论是监工还是后期维修都能够做到有的放矢。

　　全书以"一看就懂"的形式进行讲解，内容共分为5个章节，分别讲解了水电改造的基础知识、水电路改造需要的材料、识图看图、水路施工和电路施工知识。

　　本书适合希望从事家居装饰装修行业的水电工和待装修业主阅读和参考，希望通过本书，为家装设计师、广大家装爱好者提供一个交流和学习的平台。

# 目录

# Chapter ⑤
## 电路施工全知道

# Chapter 1

# 水电改造基础知识

水电改造常用工具

水电改造常用术语

# 水电改造常用工具

**水电快照**

① 水电改造的过程中使用的工具繁多，有些家用常见，而有些属于专业工具，了解它们的作用及使用注意事项能够更好地操作和监工。

② 水平测距工具主要用来测量距离，包括卷尺、水平尺和红外线水平仪。

③ 电测量工具用来测量电线是否通电，常见为测电笔。

④ 螺丝刀、钳子、扳手、锤子属于辅助工具，属于家庭中较为常见的工具，使用简单。

⑤ 水电改造需要开槽和打孔，主要工具为墙面开槽机和冲击钻。

⑥ 电烙铁和热熔器都属于连接工具，前者用于电线焊接，后者用于塑料管热熔连接。

⑦ 万用表属于电路检测工具，打压泵则是水路完工后不可缺少的检测工具。

## 善用工具事半功倍

水电改造是一件非常复杂的事情，因为直接关系到居住者的人身安全，所以在施工过程中要求严格，需要施工人员的操作符合规范。在施工过程中，施工人员不能徒手操作，而需要用到很多工具。比较常见的有卷尺、螺丝刀、绝缘胶布等，还有些日常生活中比较少用的工具。了解了每种工具的用途和用法，无论是监工还是自己都能够顺利进行操作。

▲水电改造过程中使用的工具非常多样，一部分是家庭常见的，还有一部分是家庭中不常使用的。

水电改造基础知识

Chapter 1

水电材料全知道

学会识图看图

水路施工全知道

电路施工全知道

# 一看就懂的水电工具分类

## 1 水平测距工具

### 卷尺

卷尺又称盒尺，是用来测量长度的工具。按照卷尺结构的不同，卷尺可以分为自卷式卷尺、制动式卷尺、摇卷盒式卷尺和摇卷架式卷尺。前两种适合测量短距，后两种适合测量稍长一些的距离。

### 水平尺

水平尺用来检测水平度和垂直度，携带方便，测量精准，且能用于狭窄处的测量，分为普通款和数显款。普通款测量时左右气泡一样高即为水平；数显款需要先选择模式。

### 红外线水平仪

红外线水平仪的用途与水平尺相同，此外它还能测量倾斜的方向和角度。使用前需将其放在平板上，读取气泡刻度值，再旋转到另一侧，两次数值相同即为水平，有差别时需要进行调整再使用。

## 2 电测量工具

### 氖气测电笔

氖气测电笔主要用来测量电线是否通电，其中的气泡遇到电会发光。将电笔放在被测物体上，发光为通电，反之为不通电。

### 数显测电笔

数显测电笔有液晶屏、发光管和两个按键，电笔距离液晶屏较远的应为DIRECT（直接测量键），距离液晶屏较近的为INDUCTANCE（感应键）。

## 3 万能的螺丝刀

螺丝刀是用来旋转螺钉使其被迫就位的工具，通常有一个楔形头，可插入螺钉的头部的槽口中。最常用的是直把螺丝刀，又分为一字头、十字头、米字头、梅花头及六角头几种。除此之外，还有L形螺丝刀，多用于六角形螺钉上。

## 4 不可缺少的钳子

钳子主要用于夹持、固定加工工件或者扭转、弯曲、剪断金属丝线。钳子种类繁多，常用的有尖嘴钳、斜嘴钳、钢丝钳、扁嘴钳、针嘴钳、断线钳、管钳等。它的刀口可用来剖切软电线的塑料绝缘层，铡口也可以用来切断电线、钢丝等较硬的金属线。

## 5 灵活的扳手

扳手主要用于安装与拆卸工具，它利用杠杆原理拧转螺栓、螺钉、螺母和其他螺纹紧持螺栓或螺母的开口或套孔固件。扳手可以分为两个大类：死扳手和活扳手。死扳手头部不能调节，活扳手的头部可以调节。

## 6 借力的锤子

锤子的作用是敲打物体使其移动或变形，最常用来敲击钉子使其固定在界面上。按照功能分为除锈锤、奶头锤、机械锤、羊角锤、检验锤、扁尾检验锤、八角锤、德式八角锤、起钉锤等。使用锤子时，必须正确选用锤子和掌握击打时的速度。

## 7 打孔专家冲击钻

冲击钻的作用是依靠旋转和冲击来钻孔，可以钻孔的材料包括混凝土、墙壁、砖块、石料、多层材料、木材、金属、陶瓷和塑料等。冲击钻操作安全可靠，使用时可以不用接地保护。

水电改造基础知识

Chapter 1

水电材料全知道

学会识图看图

水路施工全知道

电路施工全知道

## ⑧ 电工不能缺少的万用表

万用表是电工不可缺少的测量仪表，主要用于测量电压、电流和电阻。家装电路改造中主要用来检测开关、线路及绝缘性能是否正常。按照显示方式的不同可分为指针式万用表和数字式万用表，使用时必须水平放置，以免造成误差。

## ⑨ 焊接不能缺少的电烙铁

电烙铁的主要作用是焊接，分为外热式和内热式两种。电烙铁最好使用三极插头，使外壳接地保护，使用前应仔细检查各部件是否正常，使用时不能用力敲击、不能随处乱放，应放在专用的架子上。

## ⑩ 水电改造必备的墙面开槽机

开槽机主要用于墙面开槽作业，机身可在墙面上滚动，调节滚轮的高度就能控制开槽的高度和深度。在墙面画线定位后，根据需要调节滚轮，之后沿着线推动开槽机即可完成开槽。选择开槽机要看刀片的材质以及机器的功率。

## ⑪ 连接管路的热熔器

热熔器主要用于热塑性塑料管材的加热熔化，从而将管路进行连接，在管道与配件等连接的过程中，具有重要作用。使用时必须把手插头插入有接地线的插座上。

## ⑫ 水路检验必备的打压泵

打压泵主要用于水路改造完成后的打压试验，用来测试管路的封闭程度，其精准度高，使用方便简单。使用时需要注意采用没有杂质的清水，否则容易失灵。在试验过程中若发现渗漏情况，应停止试验，进行维修，继续加压容易加大渗漏。

# 水电改造常用术语

① 了解水电施工中的一些常用术语，是了解水电改造工程的基础。

② 水电改造必须开槽施工，开线槽就是打暗线，是至关重要的一步。

③ 暗管是指埋到墙面槽线中的管路，有水管也有电线套管。

④ 闷头、堵头、内丝、外丝都是水管配件。

⑤ 强电、弱电是两种相对应的称呼方式，强电是动力电，弱电是信号电。

⑥ 空气开关、暗线、暗盒都是电路改造中的主要材料。

 一看就懂的水电常用术语

## 1 开线槽

开线槽也叫打暗线，是使用墙面开槽机在墙面或地面上切割出一定厚度的槽线，用于暗埋水管及电线管。

## 2 暗管

暗管指埋在线槽里的管路，种类有很多，如PP-R管、镀锌管、PVC管等。

## 3 堵头、闷头

两种名称表示的是同一种配件，作用是在水管安装好后，没有安装龙头之前，用来暂时堵住管口。

### 4 内丝、外丝

指的是水管连接件的旋转丝口部分，内丝是指螺纹在配件里侧，外丝指螺纹在配件外侧，规格用直径表示，单位是mm。

### 5 强电

强电是一种动力能源，其特点是电压高、电流大、功率大、频率低，功率以kW（千瓦）、MW（兆瓦）计，电压以V（伏）、kV（千伏）计，电流以A（安）、kA（千安）计。

### 6 弱电

弱电指的是信号电，包括电话、有线电视、网络、音频、视频、音箱等。功率以W（瓦）、mW（毫瓦）计，电压以V（伏）、mV（毫伏）计，电流以mA（毫安）、μA（微安）计。

### 7 空气开关

空开就是空气开关，又名空气断路器，是断路器的一种，只要电路中电流超过额定电流就会自动断开的开关。

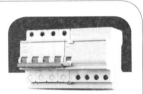

### 8 暗线、暗盒

暗线指埋在槽线中的强、弱电线，一般埋暗线都用PVC套管。暗盒指位于开关、插座面板下方埋在墙内的电线盒。

### 9 配电箱

空气开关外面套的箱子就是配电箱，分为强电配电箱和弱电配电箱，主要作用是固定和保护内部配件。

Chapter **2**

# 水电材料全知道

水路管材的种类

了解电工套管的配件

PP-R管的用途及选购

电线的种类及选购

了解PP-R管的配件

电路辅助工具的种类及选购

PVC管的用途及选购

开关的种类及选购

了解PVC管的配件

插座的种类及选购

水路辅助工具的种类及选购

空气开关的种类及选购

电工PVC套管的用途及选购

# 水路管材的种类

①家用水管分为给水管和排水管两大类，给水管种类多样，但最常用的是PP-R水管；排水管主要为PVC材料。除了主要水管外，还有很多配件。

②PP-R管可用作冷水管，也可用作热水管，与传统管道比有很多优点。

③铜管使用年限高，属于高档水管，造价高，需要焊接。

④PVC排水管阻力小、重量轻、型号多样。

⑤排水管中镀锌管和铸铁管容易滋生细菌而被淘汰，铝塑管容易渗漏。

⑥安全而又性能卓越的是PP-R水管和铜水管，前者施工便利、性价比高，所以应用范围广；后者无论管材还是工费都较高，多数用在高档小区中。

## 了解材料种类才能"对症下药"

　　水路改造分为给水和排水两部分。给水管的材料种类很多，包括镀锌管、铸铁管、铝塑管、铜管、PP-R管等，其中镀锌管和铸铁管已逐渐被淘汰，铜管因价格高很少被使用；PP-R管可用于冷水也可用于热水，性价比高，是家庭水路改造最常用的给水管材；排水管主要材料为PVC管。除了管材外，还有很多种配件，了解它们的作用才能够更好地运用。

▲管件种类繁多，包含三通、直通、弯头、管卡等，每个种类中又有很多小的分类。

**一看就懂的水路管材分类**

## 1 PP-R管

PP-R 管又叫三型聚丙烯管，既可以用作冷水管，也可以用作热水管。与传统的管道相比，具有节能节材、环保、轻质高强、耐腐蚀、消菌、内壁光滑不结垢、施工和维修简便、使用寿命长等优点。

## 2 铜管

铜管耐腐蚀、消菌，是水管中的优等品，但价格高。铜管的安装方式有卡套、焊接和压接三种。卡套式长时间使用存在老化漏水的问题，焊接式则不会渗漏。

## 3 PVC排水管

PVC 排水管壁面光滑，阻力小，比重低。家庭常用的 PVC 排水管的公称外径为：110mm、125mm、160mm、200mm、250mm、315mm。PVC 管材的长度一般为 4m 或 6m。

## 给水管材料比较

| 镀锌管 | 镀锌管作为水管，使用一段时间后容易生锈、滋生细菌，已被淘汰。 |
| --- | --- |
| 铸铁管 | 与镀锌管一样，因为容易生锈而被逐渐淘汰。 |
| 铜管 | 资金充足的情况下，建议使用铜水管，特别是热水管性能更优。 |
| 铝塑管 | 质轻、耐用而且施工方便，缺点是在用作热水管时，容易造成渗漏。 |
| PP-R管 | 无毒、质轻、耐压、耐腐蚀，是现今家庭中运用最多的水管管材，连接方式为热熔。 |

# PP-R管的用途及选购

**水电**
快照

① PP-R管是一种绿色材料，热熔连接后通常不会出现渗漏，但工作稳定不能高于70℃，压力不能过大，管件价格较高。

② 市面上的PP-R管有白色、绿色、灰色、咖啡色等，颜色与质量无关，只是因为添加的色母不同而已。

③ 为了减轻管体所受压力，延长使用寿命，建议选择一寸管。

④ 挑选PP-R管可以先触摸、捏动管体，手工柔和、有硬度的为佳品。

⑤ 好的管材应没有刺鼻气味；掉落后声音沉闷；火烧后没有黑烟、无气味。

⑥ 不透明、长度达标的为合格品；外径符合规格要求，没有明显偏差。

⑦ 可以购买同品牌的内丝和外丝来测试，通过它们的质量来衡量管材的质量。

## 性价比高、绿色环保的供水管材

综合所有管材性能，PP-R管是性价比较高且环保的供水管材，所以成为家装水管改造的首选材料。PP-R管连接后一般不会漏水，可靠度极高。但其耐高温性、耐压性稍差，工作温度不能超过70℃，管材便宜但配件价格相对较高。PP-R管的管径尺寸从16～160mm，家装中常用的是20mm（6分管）和25mm（1寸管）。

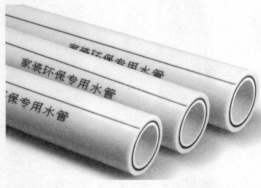

▲PP-R管的管外壁上，通常会用不同颜色的线做冷热水管区分，或管体直接用不同颜色表示。

# 一学就会的PP-R管选购技巧

## ① 颜色跟质量无关

PP-R管的颜色很多，塑料粒子以白色、透明色为主，加工时添加的色母是什么颜色生产出来的产品就是什么颜色，只要是正规产品，什么颜色都没有关系。

## ② 管径建议选择一寸管

如果经济允许，建议用1寸管。现代家庭居住高度集中，用水器越来越多，同时用水的概率很高，这样会减小水压低出现水流量小的困扰。

## ③ 触摸、捏动管体

好的 PP-R 管用 100% 的 PP-R 原料制作，质地纯正，手感柔和，颗粒粗糙的很可能掺和了杂质；PP-R 管具有相当的硬度，用力捏会变形的是次品。

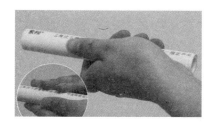

## ④ 闻气味、听声音

好的 PP-R 管材没有气味，次品掺和了聚乙烯，有怪味；将管材从高处摔落，佳品声音较沉闷，次品声音较清脆。

## ⑤ 用火烧

原料中如果混合了其他杂质燃烧后会冒黑烟，有刺鼻气味，好的材质燃烧后不仅不会冒黑烟、无气味，而且燃烧后，熔出的液体依然很洁净。

## 6 不能太透明

管壁不能太透明，越透明的质量越不好。可以拿一节样品，一端靠近眼睛，用手堵住另一端，在管壁上方移动手掌，看是否有黑影。

## 7 不能偷工减料

PP-R 管的长度一般是 4m，抽查测量管体，如果长度不足 4m，就是偷工减料。如果一个牌子连管体的长度都不足称，其他品质也堪忧。

## 8 测量外径

根据规格要求测量外径，如 PP-R20 的管子，如果外径不足 20mm，即品质不佳。管件紧密焊接需要精确的尺寸，否则后期使用会出现问题。

## 9 通过管件质量看管体

可以购买一个外丝弯头和一个内丝弯头。裹上比平时多一些的生料带，两者使劲拧到一起，铜件被撑裂或被撑脱的证明管件质量不佳，管体的质量也相差不大。

### TIPS:
### 解读PP-R管的规格

PP-R管规格用公称外径（DN）×公称壁厚（EN）来表示，系列用S表示。例如，管系列S4、公称外径25mm、公称壁厚2.8mm，表示为S4 dn25×2.8mm。MPa是压强单位，称为兆帕斯卡，简称兆帕。例如，PP-R管25×2.3 1.25MPa表示的是：PP-R管外径25mm，管壁厚2.3mm，属于S5级系列管材，在常温下承受压力12.5千克力。

# 了解PP-R管的配件

①PP-R管的主要配件有三通、弯头、阀门、丝堵、直通、直接等，其中三通和弯头又包含了很多种类。

②管件的质量一定要合格，否则管道很容易发生渗漏、爆裂的情况。从一个牌子管件的质量就能够看出管路的好坏，但管路好的管件不一定好。

③三通包括等径、异径、内丝、外丝四种，弯头种类更多，有等径弯头、异径弯头、活接内牙弯头、带座弯头、45°弯头、90°弯头等，购买时需要根据需要具体选择。

④在选购三通和弯头的时候，除了外观要完好无缺外，还应特别注意带有螺丝扣的部分，即内丝和外丝，螺口应光滑、拧动顺滑，否则很容易出现问题。

⑤无论选购哪一种配件，最重要的是要索要产品合格证，证明是对人体无害的、合格的产品。

## 常用的有三通、弯头等

PP-R管件是家装给水改造的重要组成部分，可以说管件的质量比管材的质量更重要，由于水路在运行的时候承受的压力较大，如果管件的质量不好，管路的连接部分很容易发生渗漏甚至是爆裂。PP-R水管的常用管件种类很多，包括三通、弯头、阀门、丝堵、直通、直接等，主要作用是连接关键及截断水流，根据连接管直径的不同所用的管件也有区别。

▲PP-R水管管件的种类很多，选管可以先看管件，如果管件质量好，管材也不会太差，反之亦然。

# 一看就懂的PP-R管材配件分类

## 1 三通

三通是 PP-R 管的连接件，又叫管件三通、三通管件或三通接头，用于三条相同或不同管路汇集处，主要作用是改变水流的方向。有等径管口，也有异径管口。

## 2 弯头

弯头是 PP-R 管道安装中常用的一种连接用管件，不带丝的弯头用来连接两根公称通径相同或者不同的管子，使管路做一定角度的转弯；带丝的弯头用来连接角阀、水嘴、对丝等部件。

## 3 阀门

阀门是用来改变水流流动方向或截断水流的部件，具有导流、截止、节流、止回、分流或溢流卸压等功能。阀门是依靠驱动或自动机构使启闭件做升降、滑移、旋摆或回转运动，在家庭中阀门主要是在维修管路时用来截断水流。

## 4 丝堵

丝堵是用于管道末端的配件，起到防止管道泄漏的密封作用，是水暖系统安装中常用的管件，公称压力为 1~1.6MPa。一般采用塑料或金属铁制成，同时分为内丝（螺纹在内）和外丝（螺纹在外）。

## 5 直通

直通是连接件，它用在两条直线方向的管路的汇集处，将两条管线连接起来。同样也分为异径直通和等径直通，异径直通用来连接两条不同管径的管路，等径直通用来连接管径相同的两条管路。

## 6 直接

直接主要起到连接作用。在管路末端和阀门连接时需要直接转换，直接一段是塑料，一段是螺旋状金属，塑料那段和 PP-R 热熔连接，螺旋状金属那段和金属件连接。分为内丝直接和外丝直接两种。

## 7 活接

使用活接方便拆卸和更换阀门。如果没有活接，维修时只能锯掉管路。虽然更换方便，但活接价格比一般配件贵。在南方很少使用，在北方用得比较多，如浴室中有些配件需要勤更换就要用活接。

## 8 管卡

管卡是用来固定管路的配件，在暗埋管线时，将管路固定住，避免施工过程中发生歪斜，保护管路，保证在后期封槽时管路还在应有位置上。

## 9 过桥弯管

过桥弯管也叫绕曲管、绕曲桥，主要作用是桥接，当两组管线成交叉形式相遇时，上方的管路需要安装过桥弯管，使管线连接而不被另一条管路所阻碍，分为长款和短款。

## 三通和弯头的分类

三通和弯头是PP-R管路中不可缺少的配件，三通主要包含了等径三通、异径三通、内丝三通和外丝三通4种；弯头的种类比较多，包括异径弯头、活接内牙弯头、带座内牙弯头、90°承口外螺纹弯头、90°承口内螺纹弯头、等径45°弯头、等径90°弯头、过桥弯头等，在进行施工时宜根据连接管道和管件的不同，选择合适的三通和弯头，保证管路的顺利连接。

| PP-R三通的种类及作用 | |
| --- | --- |
| 等径三通 | 三端接相同规格的PP-R管。 |
| 异径三通 | 三端均接PP-R管，其中一端为异径口。 |
| 内丝三通（内牙） | 两端接PP-R管，中间的端口带有丝扣，用来对接水表、阀门等的外牙。 |
| 外丝三通（外牙） | 两端接PP-R管，中间的端口带有丝扣，用来对接水表、阀门等的内牙。 |

| PP-R弯头的种类及作用 | |
| --- | --- |
| 异径弯头 | 弯头两端的直径不同，可以连接不同规格的两根PP-R管。 |
| 活接内牙弯头 | 主要用于需拆卸的水表及热水器的链接，一端接PP-R管，另一端接外牙。 |
| 带座内牙弯头 | 可以通过底座固定在墙上，一端连接PP-R管，一端接外牙。 |
| 90°承口外螺纹弯头 | 一端接PP-R管，带有外螺纹（外牙）的一端接内牙。 |
| 90°承口内螺纹弯头 | 一端接PP-R管，带有内螺纹（内牙）的一端接外牙。 |
| 等径45°弯头 | 两端的口径相同，用来连接相同规格的PP-R管，45°。 |
| 等径90°弯头 | 两端的口径相同，用来连接相同规格的PP-R管，90°。 |
| 过桥弯头 | 两端连接相同规格的PP-R管，适用于下层有管道的情况。 |

# 一学就会的PP-R管配件选购技巧

## ① 三通的选购

外表面应光滑，不存在会损害强度及外观的缺陷，如结疤、划痕、重皮等；不能有裂纹，表面应无硬点；支管根部不允许有明显折皱。

## ② 弯头的选购

闻一下弯头的味道，合格的产品没有刺鼻的味道。观察配件，看颜色、光泽度是否均匀；管壁是否光洁；带有螺丝扣的螺纹分布应均匀。产品应有合格证书和说明书。

## ③ 丝堵的选购

根据管道的材质选择相应材质的丝堵，有塑料材质的和金属材质的。无论是外丝还是内丝，都是靠螺旋纹路来起到固定作用的，应着重观察螺纹的分布是否均匀、顺滑，若不是很顺滑，没有办法牢固地固定在管件上，容易泄漏。

## ④ 阀门的选购

阀门表面应无明显的麻点等缺陷；喷涂表面组织应细密、光滑、均匀。目测螺纹表面有无凹痕、断牙等明显缺陷，特别要注意的是管螺纹与连接件的旋合有效长度将影响密封的可靠性，还应注意结构和规格。

# PVC管的用途及选购

水电快照一学

①PVC材料的水管，家庭中主要应用的是PVC-U排水管，它化学性能优良、耐腐蚀，使用年限长，质轻，施工方便。

②PVC排水管的检验标准有国标和企标两种，符合国家标准的质量更好，购买时应重点查看标志。

③PVC排水管最常见的是白色管体的，颜色为乳白色，如果颜色雪白刺眼或者发黄，证明所用的材料不好。

④排水管承受的瞬间压力很大，需要有足够的韧性和刚度，选购时应特别注意检测。

⑤质量好的管材不仅管体外应光滑无缺陷，内壁也同样光滑，没有缺陷。

⑥可以向商家索要一块管子，将其弄断，不要使用锯子，观察断口越细腻的越好。

## 家庭水电改造中作为排水管使用

PVC水管颜色通常为白色，长度为4m或6m，在家装中主要用来做排水管道，现多使用PVC-U管道，它以卫生级聚氯乙烯(PVC)树脂为主要原料，挤出成型和注塑成型，物化性能优良，耐化学腐蚀，抗冲强度高，流体阻力小，较同口径铸铁管流量提高30%，耐老化，使用年限不低于50年，管材轻，施工方便。

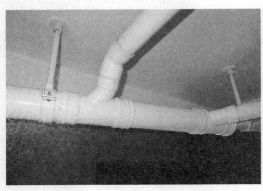
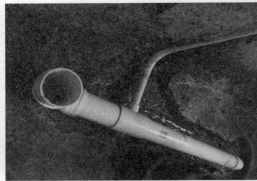

▲PVC水管在家庭中主要用作排水管使用，现在使用的排水管材料主要为PVC-U管道。

# 一学就会的PVC管选购技巧

## ① 需执行国家标准

购买时先索要合格证，或者观察管材上是否标明执行国标，一定要选择执行国标的产品。如果执行的是企业标准应引起注意，有些企业标准的质量不如国标的好。

## ② 颜色为乳白色

PVC管最常见的是白色，颜色应为乳白色且均匀，而不是纯白色，质量差的PVC排水管颜色或为雪白色或有些发黄，有的颜色还不均匀。

## ③ 具有足够的韧性

排水管材应有足够的韧性，用手按压管材时不应产生变形。韧性大的管，将其锯成窄条后，试着折180°如果一折就断，说明韧性很差，脆性大。

## ④ 外观没有缺陷

好的管材外观应光滑、平整、无气泡、变色等缺陷，无杂质，壁厚均匀。内外壁应均比较光滑且又有点韧，内壁应无针刺或小孔。

## ⑤ 观察断口

最后可观察断口，此断口应为非锯加工的茬口，茬口越细腻，说明管材均化性、强度和韧性越好。

# 了解PVC管的配件

**水电快照**

①PVC排水管道的主要配件有三通、弯头、四通、关口封闭、存水弯、伸缩节、直落水接头、检查口等，其中三通和弯头包含较多种类。

②三通包括等径三通、异径三通、斜三通、瓶形三通等；四通分为平面四通和立体四通；弯头按照角度和连接管径的粗细分类。

③将管道固定在墙面或顶面要使用管卡；在管道改造完成后，使用管口封闭可以保护管道没有杂物进入；伸缩节可以防止热胀冷缩导致的破裂。

④PVC排水管的管件构造基本都不带有金属配件，在挑选时，除了注意气味和内外壁的光滑情况外，最重要的是要有产品合格证。

## PVC排水管的配件种类繁多

PVC排水管的型号用公称外径表示，公称外径分别为：32mm，40mm，50mm，75mm，90mm，110mm，125mm，160mm，200mm，250mm，315mm。它的配件种类比PPR管的多，包括直接、直落水接头、四通、正三通、斜三通、90°弯头、45°弯头、异径弯头、存水弯、伸缩节、检查口、管口封闭、管卡、存水弯、弯头、伸缩节，等等。

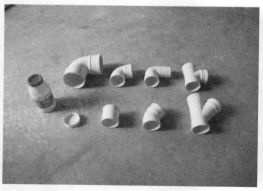

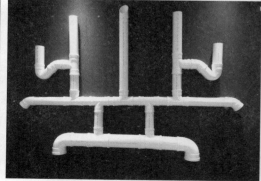

▲PVC排水管的主要管件为三通、四通和弯头，每一种都包含许多小的种类，宜结合不同的管道构造使用。

## 一看就懂的PVC管配件分类

### 1 三通

PVC排水管的三通与PP-R给水管的三通作用是一样的，都是用来同时连接三根管路，可分为等径三通、异径三通、斜三通和瓶形三通。

### 2 四通

四通用在四根管路的交叉口，起到将它们连接起来的作用，根据造型的不同可分为十字交叉的平面四通和立体的四通，适用于不同的情况。

### 3 弯头

弯头是PVC排水管路系统中比较常见的一种配件，同样属于连接件，用来连接两根管路，使管路改变方向。PVC弯头包括异径弯头、45°弯头、90°弯头。

### 4 管卡

管卡是用来将管路固定在顶面或墙面上的配件，根据固定位置的不同，所用的款式也有区别，可分为盘式吊卡、立管卡等。盘式吊卡的作用是将管路固定在顶面上，立管卡主要用来将立管固定在墙上。

## 5 存水弯

存水弯根据形状的不同，可以分为 S 型存水弯和 P 型存水弯。S 型存水弯用于与排水横管垂直连接的场所；P 型存水弯用于与排水横管或排水立管水平直角连接的场所。

## 6 管口封闭

将完工后的 PVC 管道头部封住，保护管道，避免杂物进入管道而堵塞管道。根据管路的直径不同，有不同的型号。

## 7 伸缩节

PVC 排水管设置伸缩节是为了防止热胀冷缩，在卫生间横管与立管相交处的三通下方设置伸缩节，是为了保证在温度变化时，排水立管的接头及与支管的接头不松、裂。

## 8 直落水接头

直落水接头一般用于空调板及阳台处的雨水及空调水管接头，由于穿过楼板处预埋的成品套管使管子连接比较困难，安装直落水接头，能够起到连接简单可伸缩的作用，基本不用在居室里面。

## 9 检查口

检查口为带有可开启检查盖的配件，一般装于立管，在供立管与横支管连接处有异物堵塞时，可以将检查口打开进行清理，有的弯头上也带有检查口。

## 选购PVC配件主要观察外观和闻气味

PVC的配件构成没有PP-R那么复杂，没有金属螺纹的款式，在选购时，与挑选管道一样检验就可以。需要注意的是，合格的管件应没有刺鼻的味道，内壁和外壁一样光滑没有杂质，合格产品一定会带有合格证，要记得查验。

| PVC三通的种类及作用 | |
|---|---|
| 等径三通 | 用来连接三个等径的PVC管道，改变水流的方向。 |
| 异径三通 | 用来连接两个等径及一个异径的三根PVC管道，改变水流的方向。 |
| 左斜三通 | 斜三通中一个管口是倾斜的，支管向左倾斜为左斜三通，倾斜角度为45°或75°。 |
| 右斜三通 | 斜三通中一个管口是倾斜的，支管向右倾斜为右斜三通，倾斜角度为45°或75°。 |
| 正三通 | 两个主管口与一个支管口均为90°角的三通为正三通。 |
| 瓶形三通 | 形状看起来像一个瓶子，上口细，连接小直径的管道，平行方向和垂直方向的口径是一样的，连接同样粗细的管道。 |
| PVC弯头的种类及作用 | |
| 45°弯头 | 用于连接管道转弯处，连接两根管子，使管道成45°。 |
| 90°弯头 | 用于连接管道转弯处，连接两根管子，使管道成90°。 |
| 45°弯头带检查口 | 用于连接管道转弯处，连接两根管子，使管道成45°，转角处带有检查口。 |
| 90°弯头带检查口 | 用于连接管道转弯处，连接两根管子，使管道成90°，转角处带有检查口。 |
| U形弯头 | 形状为U形，分为有口和无口两种，连接两根管道，使管路成U形连接，规格有50mm、75mm、110mm等。 |

# 水路辅助工具的种类及选购

①除了管道和配件外，在施工时，还需要一些辅助工具来帮助完成施工，主要辅助工具为软管和生料带。

②软管是软体的连接管，有双头4分连接管、单头连接管、不锈钢波纹硬管、淋浴软管、不锈钢丝编织软管和下水波纹管几种，主要用于龙头、花洒等五金件与主体部分的连接。

③无论哪一种软管，在选购时应挑选有质量保证的、品牌的、口碑好的产品这样更有保障。特别需要注意的是，不锈钢丝编织软管，市面上有用镁铝合金代替的，质量不如不锈钢的耐用。

④生料带是水暖工程中不可缺少的一个重要辅料，它能够加强连接处的密封性，减少渗漏的可能。购买生料带除了要注意外观外，还可用拉伸的方式来测试质量。

## 一看就懂的水路辅助工具分类

### 1 软管

软管在家装中，主要用于水路中龙头、花洒等配件与主体部分的连接。软管有双头 4 分连接管、单头连接管、淋浴软管、不锈钢丝编织软管及不锈钢波浪纹硬管。

### 2 生料带

生料带是水暖安装中常用的一种辅助用品,用于管件连接处,增强管道连接处的密闭性。具有无毒、无味,优良的密封性、绝缘性、耐腐性等优点。

## 软管种类及作用

| 双头4分连接管 | 主要用于双孔水龙头、热水器、马桶等进水。 |
|---|---|
| 单头连接管 | 主要用于冷、热单孔龙头及厨房龙头的进水。 |
| 不锈钢波纹硬管 | 一般用于热水器和三角阀的连接。 |
| 淋浴软管 | 一般用于淋浴龙头和浴缸上的连接。 |
| 不锈钢丝编织软管 | 主要用于龙头、马桶、花洒等管道连接。 |
| 下水波纹管 | 一般用于台盆、水池等下水连接。 |

 **一学就会的水路辅助工具选购技巧**

## ① 软管的选购

市场上的软管主要有不锈钢和铝镁合金丝两种材质。不锈钢管的性能优于铝镁合金丝材质。不锈钢软管表面颜色黑亮，而合金丝苍白暗亮。选购编织软管可以先观看编织效果，如果编织不跳丝、丝不断、不叠丝，编织的密度（每股丝之间的空隙和丝径)越高越好。

## ② 生料带的选购

好的生料带，质地均匀，颜色纯净，表面平整，无杂质。用手指触摸生料带表面，感觉平整光滑，具有很强的丝滑感，且没有粘黏性。轻轻纵向拉伸，带面不易变形断裂；横向拉伸可以承受本身长度3倍以上的拉伸宽度。

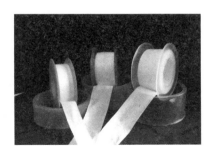

# 电工PVC套管的用途及选购

水电快聚一

①PVC电工套管的主要作用是保护电线，且具有阻燃效果，能够保证家庭的用电安全，套管后的电线维修起来也非常方便。

②电工套管的阻燃性非常重要，购买时除了应索要合格证外，还应注意管体上是否印刷有阻燃标记，且阻燃标记应以不大于1m连续出现在管体上。

③电工套管分为轻型、中型和重型三种，家庭电路改造中常用的为中型和重型两种。管体表面应光滑且没有缺陷，管壁厚度一致。

④检测电工套管的阻燃性，还可以用火烧，如果离火后30s内自动熄灭为合格。

⑤质量好的电工套管弯曲90°后外观仍光滑，在地上抽打，也不宜摔破。

## PVC套管的主要作用是保护电线

　　PVC电工套管的主要作用是保护电缆、电线，如果不将电线穿到管内而直接埋在墙内，时间长了以后会导致电线皮碱化而破损，发生漏电甚至是火灾。PVC电工套管的常用规格有 Φ16、Φ20（用于室内照明）、Φ25（用于插座或室内主线）、Φ32（用于进户线或弱电线）、Φ40、Φ50、Φ63及 Φ75（用于室外配电线至入户的管线）等。

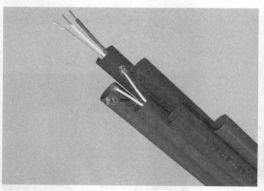

▲将强电、弱电的电线穿到套管中再埋入墙内，能够有效地保护电线，且一旦电路出现问题维修方便。

## 一学就会的电工PVC套管选购技巧

### 1 应有合格证和阻燃标记

合格的产品管壁上会印有生产厂标记和阻燃标记，没有这两种标记的管不建议购买。阻燃型塑料管的外壁应有间距不大于1m的连续阻燃标记。

### 2 外表无缺陷

家用电线管常用为中型和重型两种。外壁应光滑，无凸棱、无凹陷、无针孔、无气泡，内、外径尺寸应符合标准，管壁厚度均匀一致。

### 3 用火烧

PVC套管的阻燃性必须合格，如果起不到应有的阻燃效果，会降低安全性。可以用火烧管体来测试，离火后30s内自动熄灭的证明阻燃性佳。

### 4 弯曲后应光滑

将PVC电工套管折180°，不能一次折断，弯度较好；还可以在管内穿入弹簧，弯曲90°（弯曲的半径为管直径的3倍），外观光滑的为合格品。

### 5 检验耐冲击力

拿一根PVC电工套管在水泥地面上使劲抽，几次不宜摔破，只能大致判断其韧性及冲击性。

# 了解电工套管的配件

①PVC电工套管的常用配件包括暗装底盒、弯头、直通、三通、管夹、罗接等。

②暗装底盒是用在开关、插座下面用来留电线头，将线头与开关面板上的配件连接，从而实现接通、控制电源的目的。与暗装底盒配套使用的是罗接，用来固定管路，将电线引入暗盒内。

③管路在转弯的时候，通常是采用弯管弹簧来加工使套管弯曲，如果使用了弯头，就不用再将PVC套管加工弯曲，直接使用弯头转完即可。

④直通和三通在家装电路改造中不常使用，主要用来连接管路，当管路长度不够或者多条管路交叉需连接为一条时使用。

## 一看就懂的电工套管配件分类

### 1 暗装底盒

暗装底盒也叫线盒，安装时需预埋在墙体中，安装电器的部位与线路分支或导线规格改变时就需要安装暗装底盒。电线在盒中完成穿线后，上面可以安装开关、插座的面板。

### 2 弯头

电工套管的弯头，用于电线线路需要转换方向的位置，将弯头与两侧的管路连接，从而使线路转换方向。类型上有 90°的直角弯头，还有圆弧形的月牙弯头，使用弯头可以不用再弯管。

## ③ 直通

直通就是直通管接头，用于连接同一方向上的两条管路。当一根管的长度不够，需要连接另一根时，就需要使用直通，将两条管路连接为一条。

## ④ 三通

三通的作用与直通类似，直通是连接同一个方向的两条管路，而三通是连接两条同一方向以及一条垂直方向的管路，将这三条管路稳固在一起。

## ⑤ 管夹

管夹也叫管箍，在施工中起到固定单根或多根 PVC 电线套管的作用。当线管多根并排走向时，可采用新型的可组装的管卡进行组装卡管。

## ⑥ 罗接

罗接用在暗盒和管路连接的地方，一头插入暗盒内用锁扣固定，另一头用来连接管路，管路内的电线通过罗接接入暗盒内，在暗盒内接开关、插座等。

---

**TIPS:**
**关于暗盒的尺寸**

1.86型，标准尺寸为86mm×86mm，非标准尺寸有86mm×90mm、100mm×100mm等。

2.118型，标准尺寸为118mm×74mm，非标准尺寸有118mm×70mm、118mm×76mm等。另外还有156mm×74mm、200mm×74mm等多位联体暗盒。

3.120型，标准尺寸为120mm×74mm,还有120mm×120mm等。

# 一学就会的电工套管配件选购技巧

## 1 暗盒型号根据开关、插座选择

暗盒型号的选择取决于开关插座的类型，开关插座是通过螺丝安装固定在暗盒上的，如果开关插座的螺钉孔和暗盒的螺钉孔对不上，开关插座就无法安装。例如，喜欢86型的开关插座，就选购86型的暗盒。

## 2 选择正规厂家生产的暗盒

选购时建议选择大品牌的暗盒，正规品牌都可以信任。好的暗盒采用PVC原生料生产，厚度大，金属件牢固，防火等级高。而有些小厂的产品直接用再生料来生产，盒体非常脆容易断裂且易燃。

## 3 管夹除了质量还要选择型号

管夹的型号有16mm、20mm、25mm、32mm、40mm、50mm几种，根据使用的PVC管的直径来选择。管夹的材料为PVC，好的PVC颜色为乳白色，不会雪白；且韧性很好，用手振动不易碎裂、变形。

## 4 材料合格质量也不会差

PVC电工套管的配件，购买时先看材料，颜色乳白，不会过于刺眼，表面和内壁都没有缺陷，没有刺鼻的味道，质量就不会太差。也可以先购买一个，用锤子砸一下，看是否非常脆，容易碎裂。

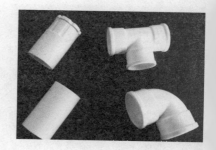

# 电线的种类及选购

①家用电线可以分为强电电线和弱电电线两种类型，强电电线是动力电电线，用于管路敷设和开关插座的连接，弱电电线为信号线，包括网线、TV线和电话线。

②家用强电电线主要是塑铜线，塑铜线又分为BV、BVR、BVVB、RV、RVV、RVS、RVB等几种，其中BV、BVR、BVVB用作固定电路敷设，而后面几种是用来连接灯头和移动设备的。

③电线符号中的字母B系列属于布电线，所以开头用B，电压为300/500V；字母V表示PVC聚氯乙烯，也就是塑料，指外面的绝缘层；字母R表示软，导体的根数越多，电线越软，所以R开头的型号都是多股线，S代表对绞。

##  一看就懂的电线分类

### 1 塑铜线

塑铜线，就是塑料铜芯电线，全称铜芯聚氯乙烯绝缘电线。一般包括 BV 电线、BVR 软电线、RV 电线、RVS 双绞线、RVB 平行线。

### 2 网线

网线用于局域网内以及局域网与以太网的数字信号传输，也就是双绞线。双绞线可分为非屏蔽双绞线（UTP）和屏蔽双绞线（STP），家中最常用的是 UTP。

## ③ TV线

　　TV线的正规名称为75Ω同轴电缆，主要用于传输视频信号，能够保证高质量的图像接收。一般型号表示为SYWV，国标代号是射频电缆，特性阻抗为75Ω。

## ④ 电话线

　　电话线就是电话的进户线，连接到电话机上，才能拨打电话，由铜线芯和护套组成。电话线的国际线径为0.5mm，其信号传输速率取决于铜芯的纯度及横截面积。

## 塑铜线的种类及作用

| | |
|---|---|
| BV（固定线路敷设） | 铜芯聚氯乙烯塑料单股硬线，是由1根或7根铜丝组成的单芯线。 |
| BVR（固定线路敷设） | 铜芯聚氯乙烯塑料软线，是19根以上铜丝绞在一起的单芯线，比BV软。 |
| BVVB（固定线路敷设） | 铜芯聚氯乙烯硬护套线，由两根或三根BV线用护套套在一起组成的。 |
| RV（灯头和移动设备引线） | 铜芯聚氯乙烯塑料软线，是由30根以上的铜丝绞在一起的单芯线，比BVR线更软。 |
| RVV（灯头和移动设备引线） | 铜芯聚氯乙烯软护套线，由两根或三根RV线用护套套在一起组成的。 |
| RVS（灯头和移动设备引线） | 铜芯聚氯乙烯绝缘绞型连接用软电线，两根铜芯软线成对扭绞无护套。 |
| RVB（灯头和移动设备引线） | 铜芯聚氯乙烯平行软线，无护套平行软线，俗称红黑线。 |

## 根据用途选择型号合适的BV、BVR线

家庭电路改造中敷设电路主要使用 BV 线和 BVR 线两种，每种线又分为不同的型号，型号主要按照截面面积来区分，不同需求的电器需要连接不同截面的电线，否则若功率不足以支持电器的运行，轻则总是跳闸，重则会发生短路、火灾。

| BV、BVR线的种类及作用 | |
|---|---|
| 1平方 | 照明连接线。 |
| 1.5平方 | 照明连接线或普通电器的插座连接线。 |
| 2.5平方 | 挂式空调专用插座连接线。 |
| 4平方 | 热水器和立式空调插座连接线。 |
| 6平方 | 连接中央空调或进户线。 |

## 关于电话线的型号缩写

以HYV2x1/0.4CCS为例，HYV 为电话线英文型号、2代表2芯、1/0.4CCS 代表单支 0.4mm 直径的铜包钢导体。以此类推，HYV4x1/0.5 BC，其中 HYV 代表型号、4 代表 4 芯、1/0.5 BC 代表单支 0.5 mm 直径的纯铜导体。CCS 为铜包钢、BC 为全铜。

| 电话线的种类及特点 | |
|---|---|
| 铜包钢线芯 | 线比较硬，不适合用于外部扯线，容易断芯。但是埋在墙里可以使用，只能近距离使用，如楼道接线箱到用户。 |
| 铜包铝线芯 | 线比较软，容易断芯。可以埋在墙里，也可以墙外扯线。只能用于近距离使用，如楼道接线箱到用户。 |
| 全铜线芯 | 线软，可以埋在墙里，也可以墙外扯线。可以用于远距离传输使用。 |

# 一学就会的电线选购技巧

## ① 选择塑铜线先看包装

购买塑铜线可以先看包装的好坏，合格的产品应盘型整齐、包装良好，合格证上商标、厂名、厂址、电话、规格、截面、检验员等齐全并印字清晰。

## ② 比较塑铜线的线芯

打开包装简单看一下里面的线芯，比较相同标称的不同品牌的电线的线芯，皮太厚的则一般不可靠。用力扯一下线皮，不容易扯破的一般是国标线。

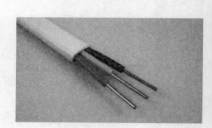

## ③ 火烧塑铜线检验质量

可以用火烧的方式来测试电线的绝缘性，绝缘材料点燃后，移开火源，5s内熄灭的，有一定阻燃功能，一般为国标线。

## ④ 内心纯铜的塑铜线较好

线芯是塑铜线的重要组成部分，关系着传导性的好坏，内芯（铜质）的材质，越光亮越软铜质越好。国标要求内芯一定要用纯铜。

## ⑤ 看塑铜线线皮上的印字

国家规定线上一定要印有相关标志，如产品型号、单位名称等，标志最大间隔不超过50mm，印字清晰、间隔匀称的应该为大厂家生产的国标线。

## 6 正品网线质地软、阻燃

正品网线质地比较软，而一些不法厂商在生产时为了降低成本，在铜中添加了其他的金属元素，做出来的导线比较硬，不易弯曲。用火烧，在35℃至40℃时，正品阻燃性佳，不会变软。

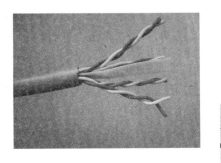

## 7 选购网线看清标志

正品5类线的塑料皮上印刷的字迹非常清晰、圆滑，假货的字迹印刷质量较差。正品5类线所标注的是"cat5"，超5类所标注的是"5e"，而假货通常所标注的字母全为大写，如CAT5。

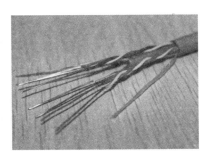

## 8 TV线的选购

选购TV线首先要求是正规厂家生产的产品。其次看线体，铜丝的标准直径为1mm，铜的纯度越高铜色越亮越好；屏蔽网要紧密，覆盖完全；绝缘层坚硬光滑，手捏不会发扁；线皮用手撕不动。

## 9 电话线的选购

电话线常见有二芯、四芯和六芯三种，普通电话线使用二芯，传真机或拨号上网需使用四芯或六芯。辨别芯材可以将线弯折几次，容易折断的铜的纯度不高，反之则铜含量高。质量好的电话线外面护套用手撕不动。

# 电路辅助工具的种类及选购

水电快照

①在电路施工中，一些辅助工具的使用，能够让电路改造更安全、更顺利。

②家庭电路改造的主要辅助工具包括了绝缘胶布、焊锡膏、自攻钉和膨胀螺栓。

③绝缘胶布使用的较多，主要作用是包裹电线的接头、电线等，使加工后的导线密封，避免漏电；焊锡膏是焊接不可缺少的材料；自攻钉和膨胀螺栓均起到固定作用。

④绝缘胶布分为PVC防水绝缘胶布和高压自粘带两种，PVC防水绝缘胶布防水绝缘；高压自粘带一般用在等级较高的电压上，防水上要更出色，但强度不如PVC防水绝缘胶布。

⑤自攻钉根据头部造型的不同分为很多种类，选购时除了关注质量还应根据需要购买正确的款式。

## 一看就懂的电路辅助工具分类

### 1 绝缘胶布

绝缘胶布是用来防止漏电，起绝缘作用的胶带，又称绝缘胶带。主要用于380V电压以下使用的导线的包扎、接头、绝缘密封等电工作业。

### 2 焊锡膏

焊锡膏也叫锡膏，灰色膏体。焊锡膏是一种新型焊接材料，是由焊锡粉、助焊剂以及其他的表面活性剂、触变剂等加以混合，形成的膏状混合物，以完全替代焊丝。

## ③ 自攻钉

自攻钉也叫自攻螺钉，施工时不用打低孔和攻丝，头部是尖的，可以"自攻"。由于自带螺纹，螺钉拧入时被连接件会形成螺纹孔，具有高防松能力，结合紧密，且可以拆卸。

## ④ 膨胀螺栓

膨胀螺栓是将管路支/吊/托架或设备固定在墙上、楼板上、柱上所用的一种特殊螺纹连接件。膨胀螺栓由沉头螺栓、胀管、平垫圈、弹簧垫和六角螺母组成。

| 自攻钉的种类及作用 | |
| --- | --- |
| 圆头 | 是过去最常用的类型。 |
| 平头 | 可替代圆头的新设计，头部低、直径大，拧动起来更为轻松。 |
| 大扁头 | 属于一种低型的大直径头型，可用于覆盖具有较大直径的金属板洞，也可用平头替代。 |
| 内六角头 | 头部有向内的六角形凹陷，头部比扳手头高。 |
| 外六角头 | 头部为平齐的六角形，没有凹陷。 |

### TIPS：
### 膨胀螺栓使用须知

在墙面打孔时，孔的长度要稍长于螺栓的长度，胀管部分要全部进入墙体，只要螺纹部分够长，套管部分越深越牢固；膨胀螺钉必须装在比较坚硬的基础上，松软易脱落的地方装不稳，如墙壁的灰缝处；完工后切记不要把螺母拧掉，若孔钻较深螺栓掉进孔内很难取出。

# 一学就会的电路辅助工具选购技巧

## ① 绝缘胶布的选购

常用的绝缘胶布分为PVC防水绝缘胶布和高压自粘带。PVC防水绝缘胶布，透明、柔软，具有较好的防水绝缘功能；高压自粘带，一般用在等级较高的电压上。可根据使用场所的特点购买单一品种或者两种配合使用。

## ② 焊锡膏的选购

焊锡膏分为有铅焊锡和无铅焊锡，无铅焊锡的氧化能力低、上锡能力差、熔点高，对操作要求高，选购时应根据使用需求具体选择。建议选择适合的容量包装，焊锡膏保存要求较高，开封后用不完会造成浪费。

## ③ 自攻钉的选购

不论头部是什么形状，都要饱满，底部的尖头部分要尖，操作时更容易拧进去。凹槽的位置要在头部中间，不能偏，圆头的可以把头部向下，垂直立起，如果立不起来或者偏向一边则不合格。

## ④ 膨胀螺栓的选购

螺栓的好坏主要取决于拉力，证书齐全的品牌质量更有保障。除此之外，可以简单地从外表来选择，根据所选购的螺栓型号与规格表对照，各个配件若符合尺寸要求且表面没有任何瑕疵，基本可以放心购买。

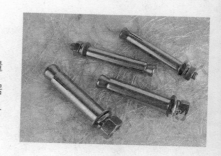

# 开关的种类及选购

①开关从最早的拉线式开关进化到几开几控式开关，再到近几年流行的科技开关，使人们的生活变得越来越方便。

②拉线开关现在很少使用，几开几控式是最常用的款式，如单控开关、双控开关等都属于这一类。

③其他类型的开关家庭常用的有调光、延时、定时、转换、红外线感应、触摸及调速开关，前几种用来控制灯具，调速开关用来控制吊扇的转速。

④购买开关建议选择大厂家的知名品牌，品质有保证。如果购买小品牌一定要索要合格证等相关证明。

⑤挑选开关时，建议先从外观开始观察，颜色乳白、没有明显瑕疵，具有柔和的光泽感的质量通常较好；除了外观还应注重内在材料和性能的选择，如绝缘性能，可以做简单的测试来检验。

## 开关随着科技发展与时俱进

最早的时候，控制点灯，使用的是拉线开关，而后出现了控制式开关，即几开几控式开关，随着科技的发展，又出现了多种新型开关，如调光开关、调速开关、延时/定时开关、红外线感应开关、转换开关、声控开关等，每种开关都有其不同的作用，可以与几开几控式开关结合使用，使家居生活变得更为科技化、更方便。

▲高科技开关的增加为生活提供了更多的便利。

▲此为三控翘板开关，适合灯具比较多的空间中使用。

# 一看就懂的家用开关分类

## 1 单控翘板开关

单控翘板开关在家庭电路中是最常见的，也就是一个开关控制一件或多件电器，根据所联电器的数量又可以分为单控单联、单控双联、单控三联、单控四联等多种形式。

## 2 双控翘板开关

双控翘板开关可以与另一个双控开关共同控制一个灯。双控翘板开关在家庭电路中也是较常见的，也就是两个开关同时控制一件或多件电器，根据所联电器的数量还可以分为双联单开、双联双开等多种形式。

## 3 调光开关

调光开关，一般最常见的就是改变灯泡的亮度的调光开关，调光开关的功能还有很多，不仅可以控制泡灯的亮度以及开启、关闭的方式，而且还可以随意改变光源的照射方向，这些功能对于日常生活很有帮助，注意不能调节节能灯和日光灯。

## 4 调速开关

调速开关，主要是靠电感性负载来实现的。一般调速开关是配合电扇使用的，可以通过安装调速开关来改变电扇的转速。适用于顶部安装吊扇的家庭使用，可以很方便地控制电扇的转速，以及开关电扇。

## 5 延时开关

延时开关，即为在按下开关后，此开关所控制的电器并不会马上停止工作，而是会延长一会儿才会彻底停止，非常适合用来控制卫生间的排风扇。

## 6 定时开关

定时开关就是设定多少时间后关闭电源，它就会在多少时间后自动关闭电源的开关，相对于延时开关，定时开关能够提供更长的控制时间范围以方便用户根据情况来进行设定。

## 7 红外线感应开关

红外线感应开关就是用红外线技术控制灯的开关，当人进入开关感应范围时，开关会自动接通负载，离开后，开关就会延时自动关闭负载，很适合用在阳台或者儿童房中。

## 8 转换开关

转换开关是通过按下的次数来控制不同的灯开启的开关，在家庭中很少使用，但非常实用，如客厅灯很多，按动一下打开一半，再按一下才会打开全部。

## 9 触摸开关

触摸开关是一种电子开关，使用时轻轻点按开关按钮就可使开关接通，再次触碰时会切断电源，它是靠其内部结构的金属弹片受力弹动来实现通断的。

# 一学就会的家用开关选购技巧

## 1 看外观

优质开关面板采用的是高级塑料，表面应色泽均匀、光洁有质感。质量好的产品外观平整，做工精细，无毛刺披锋，色泽透亮。

## 2 看面板材料

面板的材料主要有PC和ABS两种，PC料为象白牙色，质量较好，属于中高档开关常用料；ABS料颜色略苍白，质量比前者差，属于低档开关常用料。

## 3 绝缘性测试

开关的绝缘性非常重要，可以将材料燃烧一下，合格产品在离开火的外焰时不应有火苗，为阻燃材料，而劣质产品则会熊熊燃烧下去。

## 4 看背板

所有的开关从前面看都是大板，但有的厂家为了节省成本背面就会用小豆开关的功能件来代替，好的开关背面也应该是大板。

## 5 看开关的触点

高品质的开关，触点材料有纯银和银锂合金两种。银的导电性非常好，但熔点低，因此有些厂商采用了银锂合金，既保证了良好导电性，又提高了熔点和硬度。

# 插座的种类及选购

①插座虽然个头小，却直接关系到家庭日常生活的安全性，所以它的质量不能掉以轻心，并根据不同的需要选择相应的款式，以免超负荷引起不必要的损失。

②插座可以分为强电插座和信号线插座，强电插座包括常见的几孔插座，如三孔、四孔、五孔等；信号线插座包括电话插座、电脑插座、音响插座等。

③三孔插座还分为不同的型号，如10A适合普通电器使用，而16A则适合插空调。

④购买插座时要注意查看外表装上的信息是否齐全，除了要注意面板外，还应查看背面，应有的标志是否都存在，如额定电压、额定电流等，正规产品背面都有印字。

⑤铜件是插座的重要组成部分，好的铜件能够保证传导性和安全性，耐腐蚀，可以通过一些消防法辨认。

## 插座关系着日常生活的安全

插座是每个家庭中都必备的电料之一，很多人因为它的个头小，不会非常重视它的质量，然而插座的好坏直接关系到家庭日常安全，而且是保障家庭电气安全的第一道防线，所以在选择开关插座的时候绝对不能掉以轻心。不同场所搭配不同种类的开关、插座，有小孩的家庭，为了防止儿童用手指触摸或金属物捅插座孔眼，则要选用带保险挡片的安全插座。

▲图为普通五孔插座，可以同时插一个双孔和三孔。

▲此为五孔插座加电视插座，适用于电视墙。

# 一看就懂的家用插座分类

## 1 几孔插座

家庭常用的几孔插座可分为三孔插座、四孔插座和五孔插座三种，插座又分为不同的型号，根据使用电器的功率挑选合适的型号即可。

## 2 几孔插座带开关

几孔插座带开关是指插座上同时带有控制插座的开关，如三孔插座带开关，插座用来安插电器电源，而开关可以控制电路的开启或关闭，常用的电器就不用经常插拔电源，用开关即可。

## 3 多功能五孔插座

多功能五孔插座同样是5个孔，有两种形式：一种是其中三孔可以接两头插头也可以接三头插头，以及外国进口电器插头。还有一种是三孔功能不变，另外两孔可以直接接USB线口，给手机等智能电器充电。

## 4 电视插座

电视插座是有线电视系统输出口，适用于有线电视工程的用户终端。串接式电视插座，适合接普通有线电视信号；宽频电视插座，既可接有线电视又可接数字电视；双路电视插座，可以接两个电视信号线。

## 5 网络插座

网络插座是用来接通网络信号的插头，可以直接将电脑等用网络的设备与网络连接，在家庭中较为常用，除了单独的网络插座外，还有网络加电话插座在一起的款式。

## 6 电话插座

电话插座用来连接电话线，将电话机的连线插入插座中，就能够接通信号。

## 7 地面插座

地面插座是一种地面形式的插座，有一个弹簧的盖子，使用时打开，插座面板会弹出来，不使用时关闭，可以将插座面板隐藏起来，与地面平齐，地面插座包括几孔插座，也包括了信号插座。

## 8 音响插座

音响插座用来接通音响设备，包括一位音响插座和二位音响插座。前者又称2端子音响插座、2头音响插座，用于接音响；后者又称4端子音响插座、4头音响插座，用于接功放。

---

### TIPS:
#### 几孔插座的种类

三孔插座可以分为：10A三孔插座，主要用于2200W以下电器及1.2P以下空调插座；16A三孔插座，又称为空调插座，用于1.5P~2.5P空调插座。四孔插座分为普通四孔插座和25A三相四极插座，用于3P以上大功率空调。

# 一学就会的家用插座选购技巧

## 1 看背面标志

正规、质量合格的插座，插座的背面都会标明额定电压、额定电流、电源性质符号、生产厂名、商标和3C标志，缺少这些标志不建议购买。

## 2 掂重量

插座的内部金属多为铜，好的插座要保证铜材有一定的厚度，可以用插头插入其中，看插拔力度是否适中，接着用手掂一下，好的插座重量要高一些。

## 3 看插片的颜色

优质插座采用锡磷青铜片，紫红色质地较硬；如果使用的是黄铜片，明黄色质地软。若弹片黄中泛白，表明铜含量低，可以用磁铁测试，纯铜不会被吸住。

## 4 看螺钉

质量好的插座功能件使用都是铜螺钉，差一点的是镀铜螺钉，也属于合格品。但有的厂家为了节省成本会使用铁螺钉，性能方面就相差很多。

## 5 看外包装

仔细查看产品包装，应有详细的制造厂家或供应商的地址、电话，内有使用说明书和合格证（包括3C认证及额定电流电压），而且会对产品质量进行有效质保。

# 空气开关的种类及选购

①空气开关是断路器的一种，在家庭中作为总电源和分电源的保护器，当超负载运转时，会及时脱扣，避免引发问题。

②家用断路器可以分为空气开关和漏电保护器两种，漏电保护器适合用于潮湿的房间，如厨房、卫浴间，当电器漏电时，它会自动跳闸，避免危害人体健康。

③家用空气开关一般使用2P作为总空气开关，1P作为分支空气开关。2P同时接两根线，而1P只接一根线。

④选购空气开关时，大小建议根据电线的最大负载来选择，而不是根据电器的负载来选购，如果选择过大，起不到应有的保护作用。

⑤查看空气开关内线圈的数量，额定电流越低，匝数越多。如果线圈数量过少，就不能在安全时间内脱扣。

## 插座关系着日常生活的安全

空气开关，就是断路器，在家庭中作为总电源保护开关或分支线保护开关使用。当室内线路或家用电器发生短路或超负载时，它可以自动跳闸的形式来切断电源，从而有效地保护这些设备免受损坏或防止发生火灾。家庭一般用二极（2P）空气开关作总电源保护，用单极（1P）作分支保护。

▲根据家庭线路的支路数量，设置不同型号的空气开关。

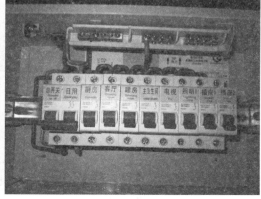

▲空气开关放在电箱内，安装后会标明支路名称。

## 一看就懂的家用插座分类

### 1 空气开关

空气开关又称空气断路器，当电路中电流超过额定电流，就会自动断开的开关。空气开关是家庭用电系统中非常重要的一种电器，它集控制和多种保护功能于一体。

### 2 漏电保护器

漏电保护器在检测到电器漏电时，会自动跳闸，在水多的房间，如厨房、卫生间，最容易发生漏电，这条电路上就应该安装漏电保护器，如果热水器单独一个空气开关，一定要安装漏电保护器。

**TIPS:**
**家用DZ系列空气开关的型号含义**

目前家庭使用DZ系列的空气开关，常见的有以下型号/规格：C16、C25、C32、C40、C60、C80、C100、C120等规格，其中C表示脱扣电流，即起跳电流，如C32表示起跳电流为32A，一般安装6500W热水器要用C32，安装7500W、8500W热水器要用C40的空气开关。

## 一学就会的家用插座选购技巧

### 1 选择合适的额定电流

空气开关的额定电流如果选择偏小，则易频繁跳闸，引起不必要的停电，如选择过大，则达不到预期的保护效果，正确选择额定容量电流大小很重要。

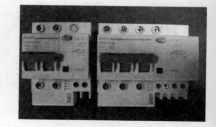

## ② 称重量

家庭常用的、合格的空气开关的重量应在85g以上，如果称重后符合这一标准，可以放心购买；重量在85g到80g之间的空气开关，要谨慎购买；重量低于80g的空气开关，不建议购买。

## ③ 根据电线的电流选择大小

空气开关的作用是防止火灾，建议根据电线的大小来配定额，而不是根据电器的大小来配定额，如果空气开关选择太大，超载就不会跳闸，起不到保护作用。

## ④ 看标志

购买时注意查看空气开关表面是否印有iec标志，是否有iec标准，是否有gb10963等标志，是否有防伪标志和字体的区分。

## ⑤ 看线圈数量

建议购买大品牌的产品，若想要购买不知名品牌，可以先购买一个回家拆开，如果里面的线圈数量很少，无法在安全时间内脱扣，不能保证使用安全。

## ⑥ 用火烧测试阻燃效果

所有电料的阻燃性能都是一项重要的安全指标。按照相关标准，开关左下方应安装有隔热板，外壳也应该使用阻燃材料，不合格的塑料生产的产品会越烧越旺。

# Chapter 3

# 学会识图看图

认识家装常用水电图纸

学会看家装水电图纸

# 认识家装常用水电图纸

## 水电快照

①家装常用水电图纸包括平面图、顶面图、水路布置图、照明布置图、插座布置图和配电系统图。

②通过平面图可以看出家具的分布情况及各个房间的尺寸以及交通线路，通过顶面图能够看出造型和尺寸。

③水路布置图、照明布置图、插座布置图和配电系统图，分别能够标示出水路冷、热水的分布情况，照明灯具的分布及控制开关位置、类型，插座的位置、安装高度及类型以及各个电路配件的型号、回路数量。

④想要看懂水电图纸，对各种图标的意义进行了解是必要的，不同的设计公司有不同的绘图习惯，即使图标不同，也会在水电图中表示出该图标代表哪种设备。

一看就懂的家装常用图纸分类

## 1 平面图

根据户型绘制的平面布置图，可以从图纸上直观地了解每个家居空间的墙体尺寸、面积大小，家具、电器的位置以交通路线。

## 2 顶面图

根据顶面尺寸绘制的顶面布置图，可以从图纸上了解天花板的吊顶造型、造型尺寸，以及顶面灯具的分布形式、数量、灯具的款式等。

水电改造基础知识

水电材料全知道

**学会识图看图**
Chapter 3

水路施工全知道

电路施工全知道

## ③ 水路布置图

将平面图仅保留墙体以及主要用水设备，可以从图纸上看出水路中冷热管线的长度、分布情况和走向，以及用水设备所在的位置。

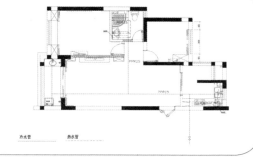

冷水管　　　　热水管

## ④ 照明布置图

针对照明系统绘制的图纸，可以从图纸上了解每个空间中照明的回路数量、回路上灯的数量、每盏灯与开关的关系与连接以及线路上的导线数量等。

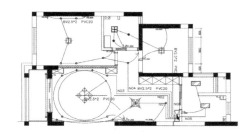

## ⑤ 插座布置图

结合业主的使用需求绘制的插座分布图纸，可以从图纸上看出插座在每个房间中的分布情况、设立的高度及数量。

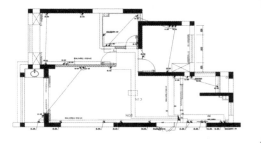

## ⑥ 配电系统图

根据电路分布情况和额定流量绘制的图纸，可以从图纸上看出各个部件的型号，如配电箱、断路器等，也能够看出每个电路中电线的型号以及回路的总数量。

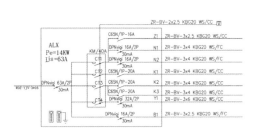

## 水电图常用符号及意义

| 符号 | 意义 | 安装高度 | 额定电压、电流 |
|---|---|---|---|
| K | 壁挂空调三极插座 | 暗装，距离地面1.8m | 250V 16A |
|  | 二、三级安全插座 | 暗装，距离地面0.35m | 250V 16A |
| F | 三级防溅水插座 | 暗装，距离地面2.0m | 250V 16A |
| P | 三级排风、烟机插座 | 暗装，距离地面2.0m | 250V 16A |
| C | 三级厨房插座 | 暗装，距离地面1.1m | 250V 16A |
| B | 三级冰箱插座 | 暗装，距离地面0.35m | 250V 16A |
|  | 三级洗衣机插座 | 暗装，距离地面1.3m | 250V 16A |
| K | 立式空调三级插座 | 暗装，距离地面0.35m | 250V 16A |
|  | 热水器三级插座 | 暗装，距离地面1.8m | 250V 16A |
|  | 二、三级密闭防水插座 | 暗装，距离地面1.3m | 250V 16A |
| W | 网络插座 | 暗装，距离地面0.35m | — |
| Y | 音响插座 | 暗装，距离地面0.35m | — |
|  | 电视插座 | 暗装，距离电视底边0.1m | — |
|  | 电话插座 | 暗装，距离地面0.35m | — |
|  | 二、三级安全插座 | 地面插座 | — |

| 符号 | 意义 | 安装高度 | 额定电压、电流 |
|---|---|---|---|
| | 网络插座 | 地面插座 | – |
| | 单级单控翘板开关 | 暗装，距离地面1.3m | 250V　16A |
| | 两级单控翘板开关 | 暗装，距离地面1.3m | 250V　16A |
| | 三级单控翘板开关 | 暗装，距离地面1.3m | 250V　16A |
| | 四级单控翘板开关 | 暗装，距离地面1.3m | 250V　16A |
| | 单级双控翘板开关 | 暗装，距离地面1.3m | 250V　16A |
| | 双级双控翘板开关 | 暗装，距离地面1.3m | 250V　16A |
| | 三级双控翘板开关 | 暗装，距离地面1.3m | 250V　16A |
| | 吊灯 | 底面距离地面不能低于2.2m | – |
| | 射灯 | 根据照射物体高度具体定 | – |
| | 壁灯 | 距离地面1.4～1.7m | – |
| | 单头斗胆灯 | 根据吊顶高度 | – |
| | 双头斗胆灯 | 根据吊顶高度 | – |
| | 花灯 | 底面距离地面不能低于2.2m | – |
| | 球形灯 | 根据吊顶高度 | – |

▲注：根据绘图习惯的不同，不同水电公司或装饰公司的图标会略有差别，当不同时具体参考该公司的图标说明。

# 学会看家装水电图纸

① 从水路图上，能够看出用水器具的分布情况以及冷、热管线的走向。

② 照明布置图上会标明整个家居空间中每个房间中所使用的灯具的类型、灯具之间的连接方式是串联还是并联、控制灯具的开关类型及位置以及每个支路的导线数量。

③ 通过插座布置图上能够看出插座的类型、数量、所属支路名称和安装高度。

④ 配电系统图比较复杂，从配电箱开始，逐层地表示出了配电箱的型号和功率、电源进线的类型、电线数量、总空气开关和支路空气开关的类型和额定流量、电线进入配电箱后所分的回路的数量及名称、所用的电线的数量和敷设方式。

## 看水路图能够了解的信息

在绘制水路图前，设计人员需要先跟业主沟通，确定用水器具的分布情况，冷热水的布局等。绘制完成后，水路图上会有两条分别代表冷水和热水的线条，从它们的走向和分布情况，能够看出所设计的路线是否符合自己的使用需求。

图中实线线条表示冷管，虚线线条表示热水管，可以从两线的分布情况看出冷热水的敷设布局。管线从厨房引出，连接卫生间和阳台。

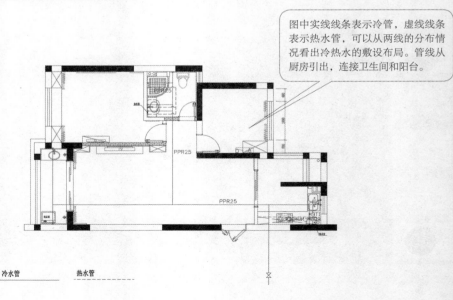

冷水管　　　　热水管

## 照明布置图

从照明布置图上可以看出所有灯具的连接方式、每个开关控制的灯的数量及开关的类型，以及每个支路上导线的具体数量。

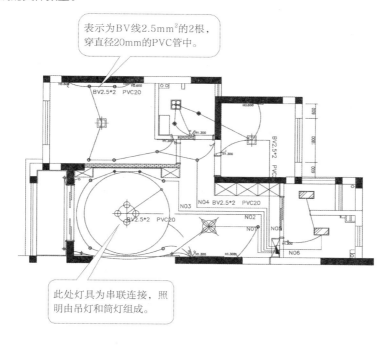

表示为BV线2.5mm²的2根，穿直径20mm的PVC管中。

此处灯具为串联连接，照明由吊灯和筒灯组成。

## 插座布置图

从插座布置图上可以看出插座的数量、类型以及安装时距离地面的高度。其中，根据"家装常用电器设备图"可以看出各符号代表的设备名称，后面标示的"H"代表安装时距离地面的高度。

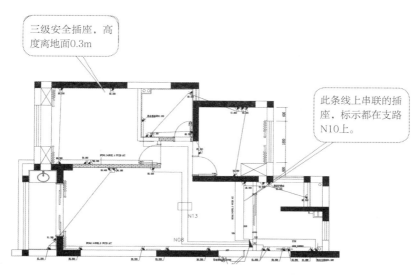

三级安全插座，高度离地面0.3m

此条线上串联的插座，标示都在支路N10上。

## 配电系统图

从配电系统图上，我们可以了解到电源进线的类型和敷设方式以及电线的数量；配电箱的编号和功率；进线总开关的类型与特点；是否有零排、保护线端子排；电源进入配电箱后分的回路数量及其名称功能、电线的数量、开关的特点与类型、敷设方式。

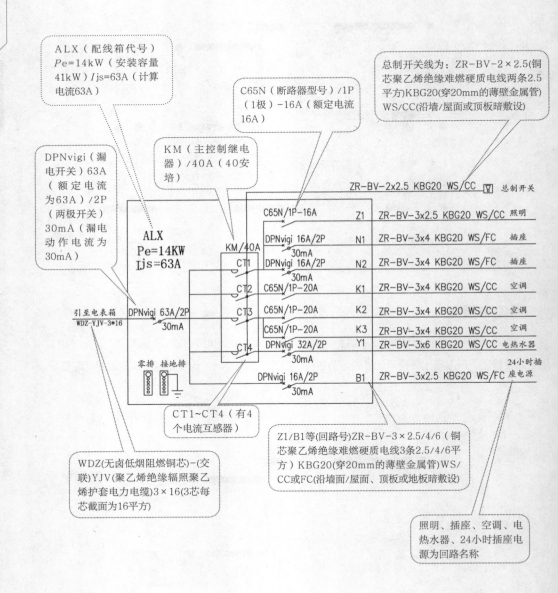

ALX（配线箱代号）
Pe=14kW（安装容量41kW）Ijs=63A（计算电流63A）

C65N（断路器型号）/1P（1极）-16A（额定电流16A）

总制开关线为：ZR-BV-2×2.5(铜芯聚乙烯绝缘难燃硬质电线两条2.5平方)KBG20（穿20mm的薄壁金属管）WS/CC(沿墙/屋面或顶板暗敷设)

DPNvigi（漏电开关）63A（额定电流为63A）/2P（两极开关）30mA（漏电动作电流为30mA）

KM（主控制继电器）/40A（40安培）

ZR-BV-2x2.5 KBG20 WS/CC 总制开关

ALX
Pe=14KW
Ijs=63A

KM/40A

CT1  C65N/1P-16A        Z1  ZR-BV-3x2.5 KBG20 WS/CC  照明
     DPNvigi 16A/2P      N1  ZR-BV-3x4 KBG20 WS/FC   插座
        30mA
CT2  DPNvigi 16A/2P      N2  ZR-BV-3x4 KBG20 WS/FC   插座
        30mA
     C65N/1P-20A         K1  ZR-BV-3x4 KBG20 WS/CC   空调
CT3  C65N/1P-20A         K2  ZR-BV-3x4 KBG20 WS/CC   空调
     C65N/1P-20A         K3  ZR-BV-3x4 KBG20 WS/CC   空调
CT4  DPNvigi 32A/2P      Y1  ZR-BV-3x6 KBG20 WS/CC   电热水器
        30mA
                                                     24小时插
     DPNvigi 16A/2P      B1  ZR-BV-3x2.5 KBG20 WS/FC 座电源
        30mA

引至电表箱 DPNvigi 63A/2P
WDZ-YJV-3*16    30mA

零排  接地排

CT1~CT4（有4个电流互感器）

Z1/B1等(回路号)ZR-BV-3×2.5/4/6（铜芯聚乙烯绝缘难燃硬质电线3条2.5/4/6平方）KBG20(穿20mm的薄壁金属管)WS/CC或FC(沿墙面/屋面、顶板或地板暗敷设)

WDZ(无卤低烟阻燃铜芯)-(交联)YJV(聚乙烯绝缘辐照聚乙烯护套电力电缆)3×16(3芯每芯截面为16平方)

照明、插座、空调、电热水器、24小时插座电源为回路名称

## 配电系统例图上能识别的内容

| | |
|---|---|
| 1 | 从左至右分别为总电缆型号和规格、漏电开关型号和规格及配电箱型号和规格、主控器型号和规格以及电流互感器的数量、回路中开关的型号和规格、回路号、电线的型号及数量和保护管的型号、敷设方式以及回路名称。 |
| 2 | Z1支路的断路器为16A起跳、型号为C65N的1极断路器。出线为3根2.5平方的铜芯聚乙烯绝缘难燃硬质电线，穿直径为20mm的薄壁金属管（KBG），沿墙或顶板暗敷设。 |
| 3 | N1、N2支路的断路器为电流16A（漏电动作电流30mA）起跳、型号为DPNvigi的2极断路器。出线为3根4平方的铜芯聚乙烯绝缘难燃硬质电线，穿直径为20mm的薄壁金属管（KBG），沿墙或地板暗敷设。 |
| 4 | K1、K2、K3支路的断路器为电流20A起跳、型号为C65N的1极断路器。出线为3根4平方的铜芯聚乙烯绝缘难燃硬质电线，穿直径为20mm的薄壁金属管（KBG），沿墙或顶板暗敷设。 |
| 5 | Y1支路的断路器为电流32A（漏电动作电流30mA）起跳、型号为DPNvigi的2极断路器。出线为3根6平方的铜芯聚乙烯绝缘难燃硬质电线，穿直径为20mm的薄壁金属管（KBG），沿墙或顶板暗敷设。 |
| 6 | B1支路的断路器为电流16A（漏电动作电流30mA）起跳、型号为DPNvigi的2极断路器。出线为3根2.5平方的铜芯聚乙烯绝缘难燃硬质电线，穿直径为20mm的薄壁金属管（KBG），沿墙或地板暗敷设。 |

### TIPS：
### 配电系统图常见字母的含义

WDZN-BYJ（电线）：固定敷设用，铜芯导体、交联聚乙烯绝缘、无卤低烟阻燃耐火型电线。

WDZN-YJF（电线）：铜芯导体、辐照交联聚乙烯绝缘、无卤低烟阻燃耐火型电线。

WDZN-YJFE（电缆）：铜芯导体、辐照交联聚乙烯绝缘、聚烯烃护套无卤低烟阻燃耐火型电缆。

YJF：辐照交联聚乙烯

C65N/1P-16A也可表示为C65N-C63/1P：C65N为断路器型号，P为级数，A为额定电流，DPN 16A/2P同理。

回路号如Z1/N1等后标示的为电线型号、根数以及平方数。

在电线型号后表示的KBG20表示为20mm壁厚的金属管，现多用PVC管，则标示为PC。

# Chapter 4

# 水路施工全知道

水路改造步骤

给水管与排水管施工规范

定位画线与开槽

敷设给水管与排水管

管路封槽的要点

打压测试的要点

二次防水的要点

PP-R管的热熔连接

PVC排水管的连接

阀门、水表的连接

厨、卫水路布局

洗菜盆与水龙头的安装

面盆的种类和安装

坐便器的种类和安装

智能坐便盖的安装

小便器的安装

妇洗器的安装

淋浴器的安装

浴缸的种类和安装

地漏的种类和安装

地暖系统的安装

# 水路改造步骤

①家装水路改造具体步骤为：材料进场→定位→弹线→开槽→管路安装→打压测试→管路封槽→二次防水处理。其中定位关系到后期的工程质量，而打压测试则能够测试管路的安装质量。

②定位、弹线首先应了解家中各个用水设备的高度，而后用粉笔或墨水笔在墙面上画出进出水口的高度，以及管路的走向。

③线路画好后，就可以用开槽机在定位线内开槽，槽线应平直，不能直接用电锤开槽。

④墙槽完成后，按照冷水水管的布局和高度，开始布置管线，水管和管件之间用热熔的方式连接。

⑤全部完工后进行打压试验，来检测管路中是否有渗漏的地方，打压试验的时间为1小时。

⑥确保管路没有任何渗漏后，可以开始用水泥砂浆进行封槽处理，将管线掩埋起来。

## 定位画线很重要

　　水路改造是家庭装修的一个重要流程，它的具体流程为材料进场、定位、弹线、开槽、管路安装、打压测试、管路封槽以及二次防水处理。在整个流程中，定位、弹线是非常关键的一步，它直接关系着下面的施工步骤的质量，规范、正确的画线是水路改造的基础和保障。完工后不要急于封槽，先进行打压试验来测试管道的密封性，预防封槽后出现渗漏。

▲定位画线关系着后期槽线的质量及用水设备的使用是否舒适，打压试验能够检测整个水路的施工质量。

**一看就懂的家装水路改造步骤**

## 1 材料进场

材料进场后，对材料的品牌、质量进行检验核实，检验合格后，需监督施工人员将材料按照要求平放，做好材料保护工作，避免管路受到损伤。

## 2 定位

水路施工定位的目的是明确一切用水设备的尺寸、安装高度的尺寸及摆放位置，以免影响施工过程及水路施工要达到的使用目的。将管路的走向和进、出水口的位置，用粉笔或者黑色墨水笔在墙面合适的高度上，标出位置。

## 3 弹线

画线（弹线）是为了确定线路的敷设、转弯方向等，对照水路布置图在墙面、地面上画出准确的位置和尺寸的控制线。画线的工具包括圈尺、墨斗、黑色铅笔、彩色粉笔、红外光水平仪，可用尺画线，也可弹线。

## 4 开槽

开槽是用开槽机，沿着墙面的画线痕迹，开出水管槽路。槽路要求横平竖直，边沿整齐，底部没有杂物和突出的尖角，不能直接用电锤开槽。槽路的深度应为40mm，宽度比管线的直径宽20mm。

## ⑤ 管路安装

　　槽线开好后，就可以开始敷设管线，按照冷热水管的走向，将管路连接，管件和管路、管路和管路之间用热熔的方式连接，管路用挂夹固定，避免晃动、移位。尽量与梁、柱、墙平行，距离以最短为原则。

## ⑥ 打压测试

　　管路安装完毕后，需要进行打压测试，打压的时间为施工结束后 24 小时内，所有水管焊接完成后，在试压前需要用堵头封住水管，关闭进水总管的阀门。打压时间为 1 小时，压力下降不超过 0.2~0.5MPa 为合格。

## ⑦ 管路封槽

　　打压试验结束后，如果管路没有问题，就可以进行封槽处理，将管线隐藏起来。用比例为 1：2 的水泥砂浆将槽路填满，目的是将管线与后期要铺地板或铺砖的干砂隔离起来，防止水管引起瓷砖的热胀冷缩而变形。

## ⑧ 二次防水处理

　　在改造水路管线时，会破坏原有的防水层。在管线全部完工后，需要对经常用水的空间进行二次防水处理，避免后期使用时发生水渗漏到楼下的情况。

### TIPS:
### 水路改造施工前可先进行一次打压试验

　　严格来说，水路改造应进行两次打压试验，第一次是在开工前，为了确认原有管道没有渗漏问题，第二次是在改造结束后，建议进行两次打压，避免责任混淆。

# 给水管与排水管施工规范

①很多家庭为了用水更方便、充分满足生活的需求，都会对原有的建筑水路进行改造。初次进行房屋装修的业主由于缺乏经验，很容易受施工人员诱导，而加大了改造的工作量。

②水路改造有着严格的施工规范，需要按照规范操作，了解施工规范能够更好地了解水路改造工程。

③水路改造包括给水管工程和排水管工程，根据工程性质的不同有着不同的规范要求。

④不论是进行给水改造还是排水改造，都建议找专业公司操作，不要为了省钱随便请装修队伍，避免有不规范的操作，为日后的使用埋下隐患。

⑤PP-R管的热熔时间不宜过长，管路和管件建议采用相同的品牌，连接会比较牢固。

⑥生活排污管道在设计时，不能穿过卧室、厨房；如果管道很长中间不能有接头，并且适当放大管径。

## 水路改造有着严格的规范

为了使用水更方便，多数家庭在装修时都会改造用水管道，很多初次遇到装修的业主并不熟悉装修过程和要求，很多时候会受到施工人员诱导，增加了工程量，产生了一些不必要的拆改，不仅会增加费用，还会为以后的使用带来隐患。水路改造的安全隐患仅次于电路改造，应依照规范严格地施工，消除隐患，了解施工的规范要求是必要的。

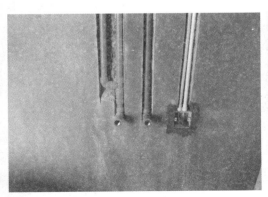
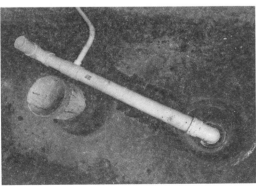

▲家庭给、排水工程施工有着严格的要求和规范，从业人员需要有专业经验，不可随意操作。

## 1 给水管不能受到污染

使用的水管必须符合饮用水管的选择标准。饮用水管道不得与非饮用水管道连接，保证饮用水不被污染。安装时，避免冷热水管的交叉敷设。如遇到必要交叉需用绕曲管连接。

## 2 PP-R管连接有要求

PP-R管热熔时间不宜过长，以免管材内壁变形。连接时要看清楚弯头内连接处的间距，如果过于深入会导致管内壁厚变小影响水的流量，各类阀门安装应位置正确且平整。

## 3 管道和管件用同一品牌最佳

管道和管件采用统一品牌的产品连接得会更牢固，不易出问题。使用带金属的螺纹管件时，必须用足生料带，避免漏水。管件不要拧得过紧，避免出现裂缝导致漏水。

## 4 给水管施工完毕后用管卡固定

安装完毕后，应用管卡固定住。管卡的位置及管道坡度符合规范要求。安装后一定要进行增压测试。增压测试一般是在1.5倍水压的情况下进行，在测试中应没有漏水现象。

## 5 排水管若长度长中间不能有接头

若管道很长（连接厨房和卫生间，或通向阳台等），中间不要有接头，并且要适当放大管径，避免堵塞。安排排水管的位置时，应注意上方施工完成后不能有重物。

## 6 排水立管设在污水最多处

排水管立管应设在污水和杂质最多的排水点处；卫生器具排水管与横向排水管支管连接时，可采用90°斜三通。

## 7 排水管应避免轴线偏置

排水管应避免轴线偏置，若条件不允许，可以采用乙字管或两个45°弯头连接。排水立管与排出管端部可采用两个45°弯头或直径不小于管径4倍的90°弯头。

## 8 排水管不宜穿过厨房、卧室

生活污水不宜穿过卧室、厨房等对卫生要求高的房间。生活污水管不宜靠近与卧室相邻的内墙。如果卫生器具已有存水弯，不应在排水口以下设存水弯。

---

### TIPS: 选择专业改造公司有保障

水路改造如果施工不当虽然不会像电路那样危险，但也危害巨大，很容易"水漫金山"，让装修成果毁于一旦。很多业主对水路改造不重视，找马路装修队来改造，为日后的生活埋下了隐患。建议找具有从业资格证的专业公司来改造水路，虽然价位会高一些，但更有保障。

# 定位画线与开槽

## 水电快贴士

①在进行定位前，建议先让水电公司或者装饰公司出具专业的水电图纸，并将预计使用的用水设备的类型、数量告知。

②图纸确定后，根据图纸上的数据进行定位，定位要求准确、全面、一步到位。

③如果对数据不确定，可以先选定设备的款式，然后记录下数据，这样不容易造成定位的偏差，可以避免设备购回后安装不上。

④定位应避免开槽的地方做标注，自己要清晰。冷热水管的距离不宜小于15cm，否则容易使热水温度不高或下降过快。

⑤开槽是沿着画线的痕迹用开槽机进行开槽，尽量走竖不走横，保温墙和地热预埋管线不能开槽。

### 定位画线很重要

在进行施工前，应先与设计人员进行沟通，考虑好所有用水设备的数量，如是否包括热水器、净水器、厨宝、洗衣机、浴缸、淋浴房、马桶和洗手池等，器具的类型，如热水器是电热水器还是燃气热水器，马桶是下排水还是墙内排水等，这些明确后才能确定安装方式、是否需要热水以及进出水、排水的位置，才能有效地进行定位画线。

▲使用的洁具、用水电器的型号不同，进出水口的高度也有区别，如果拿不准主意，可以先选好款式再施工。

## 一学就会的定位画线与开槽技巧

水电改造基础知识

水电材料全知道

学会识图看图

Chapter 4

水路施工全知道

电路施工全知道

### 1 定位要求准确、全面

施工前建议先设计出图纸，施工时严格遵守设计图纸的走向进行定位和施工。定位要求精准、全面、一次到位。对照水路布置图以及相关橱柜水路图，了解厨、卫以及有用水设备的阳台的功能与布局。

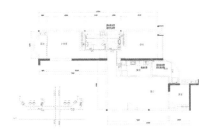

### 2 需清楚预使用的洁具类型

需清楚预使用的洁具（包括洗菜盆、面盆、马桶、小便器、浴缸、污水盆等）的类型以及给、排水方式，如面盆是柱盆还是台盆，浴缸是普通浴缸还是按摩浴缸等。

### 3 清楚热水器的类型及数量

清楚热水器的数量，热水器的型号、每台型号要求的给、排水口位置、方式及尺寸。明确冷、热管道的位置与数量，有无使用的特殊需求，地漏的位置及数量。

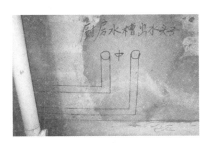

### 4 用彩色粉笔或墨水笔做标记

清楚以上数据后，用彩色粉笔或墨水笔做标注（不要用红色），字迹需清晰、醒目，应避开需要开槽的地方，冷、热水槽应分开标明。

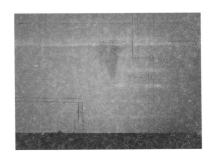

## 5 冷热水管不宜太近

有热水的管槽一定要注意宽度，不然可能会出现水循环到菜盆、面盆、淋浴器后有水不热的现象。大多是因为在安装水管过程中槽开得太窄，或冷、热水管挤得过紧造成的。

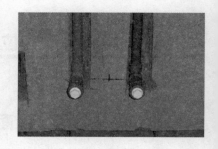

## 6 画线的方法

画线的工具包括圈尺、墨斗、黑色铅笔、彩色粉笔、红外光水平仪，可用尺画线，也可弹线。画线（弹线）的宽度要大于管路中配件的宽度。

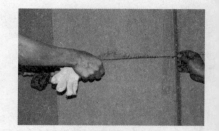

## 7 管路开槽的尺寸

管道暗敷时槽深度与宽度应不小于管材直径加20mm，若为两根管道，管槽的宽度要相应增加，一般为单槽4cm，双槽10cm，深度为3～4cm。

## 8 水管开槽原则

水管布线原则是"走顶不走地、走竖不走横"，开槽尽量走顶、走竖。开槽应遵循最短路线的原则，减少弯路，禁止开斜向槽。

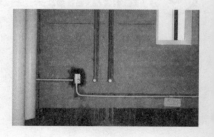

## 9 避免地面暗埋水路管线过多

在顶面走管大部分是整管，接头在吊顶内，容易维修，万一渗漏不用拆墙，而如果地面的水管槽路过多，容易与电线相遇，且经常踩踏，增加了爆裂的概率。

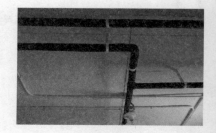

## ⑩ 开槽时注意建筑结构

若钢筋较多，注意不要切断房屋结构的钢筋，可以开浅槽，在贴砖时加厚水泥层。顶面预制板开槽深度严禁超过15mm。

## ⑪ 保温墙和地热管线区域不能开槽

不准在室内保温墙面横向开槽，严禁在地热管线区域内开槽；水路开槽应该保证暗埋的水管在墙和地面内，不应外露；对槽内裸露的钢筋进行防锈处理，试压合格后用水泥砂浆填平。

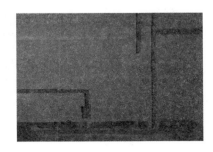

| 家用常用洁具出水口定位高度 | |
|---|---|
| 洁面盆 | 50～55cm |
| 燃气热水器 | 130～140cm |
| 电热水器 | 170～190cm |
| 厨房洗菜盆 | 40～50cm |
| 标准洗衣机 | 105～110cm |
| 普通浴缸 | 75cm |
| 按摩浴缸 | 15～30cm |
| 坐便器 | 25～35cm |
| 淋浴器 | 100～110cm |

# 敷设给水管与排水管

①家装水路的敷设分为给水管和排水管，给水管在开槽结束后，按照冷热水管的分布要求，直接连接就可以；排水管则根据下水口的位置，需要重新架设管线，将新旧管线连接，保证污水顺利下排。

②给水管管路尽量走直线，与墙、梁等平行，根据需要选择具体的排列方式，布管方式具体可分为吊顶排列、墙槽排列和地面排列三种形式。

③给水管的冷热水管分布方式为左热右冷，这是根据多数人的使用习惯而定的。所有的水管安装完成后，要对管路及时地进行固定。

④如果对原有的下水管位置不满意，可以重新进行设置，要注意密封及保证无渗漏。

⑤所有用水的空间中都需要安装排水，地漏应位于地面的最低点上。

## 给水管和排水管的布线有区别

排水管线的改造比给水管线要复杂一些，不仅是连接完成就可以，如果移动排水口，还牵涉到新旧管线之间的连接问题，要求一定要按照规范施工，否则很容易使污水渗漏，不仅给自家生活带来不便，也会为楼下的邻居带来污染。不论是给水管还是排水管，在架管完成后，都要固定，顶面用支架和扣件固定，墙面和地面用管夹固定。

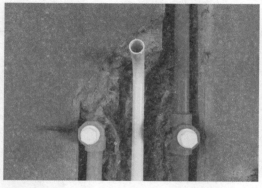

▲如果排水管线敷设出现问题，危害要比给水管要严重得多，会对家居环境造成严重的污染。

## 一学就会的水管管线敷设技巧

### ① 给水管管路应呈直线走线

管线尽可能与墙、梁、柱平行，呈直线走向，管路布置力求简短。暗装水管排列可以分为吊顶排列、墙槽排列、地面排列三种方式，根据具体的需求来选择安装方式。

### ② 给水管管线穿墙的处理方式

若遇到水管需要穿墙洞的情况，单根水管的墙洞直径一般要求不小于5cm（具体根据管子的直径而定），若为两根水管穿墙，应分别打孔穿管，洞孔中心间距以15cm为宜。

### ③ 给水管冷热水分布为左热右冷

地面管路发生交叉时，次管路必须安装过桥在主管道下面，使整体管道分布保持在水平线上。冷热水管出口一般为左热右冷，冷热水出口中间距一般为15cm。冷热水出口必须平行。

### ④ 对给水管管路进行简易固定

水管安装完毕后，需要对水管用管夹进行简易固定。外接头需要与墙面保持水平一致，冷热水管的高度需一致，之后按照尺寸要求补槽。安装在吊顶上的给水管道，应用保温材料做好绝热防结露处理，最后封槽。

## ⑤ 原有下水管不理想可重设

若原有主下水管不理想，可以重新开洞铺设下水管，之后要求用带防火胶的砂浆封好管周。封好后用水泥砂浆堆一个高10mm的圆圈，凝固3天后，放满水，一天后查看四周有无渗透现象，没有说明安装成功。

## ⑥ 所有用水空间都需要安装排水管

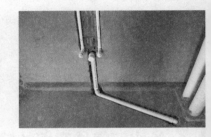

所有通水的空间都需要安装下水管与地漏，PVU-U下水管连接时需用专用胶水涂均匀后套牢。排水管道需要水平落差到原毛坯房预埋的主下水管。

## ⑦ 坐便器和地漏的排水设置

新改造主排水管时，坐便器的下水应直接入主下水管，条件许可时宜设置存水弯，防止异味。地漏必须放在地面的最低点。

## ⑧ 排水管也要进行打压测试

管道连接完成后，应先固定在墙体槽中用堵丝将预留的弯头堵塞，将水阀关闭，进行加压检测，试压压力0.8 MPa，恒压1小时不降低才合格。

---

### TIPS：移动排水口必须严格按照规范施工

为了满足需求，很多家庭需要挪动排水口，若有此计划需提前与物业和楼下住户打招呼，以免漏水造成污染。移动排水口需要重新架设管道，连接到主下水管上，不能随意地在主下水管上打洞，一定要做好密封。若阳台做洗衣房用，并移动了排水口，需要做二次防水处理。

# 一看就懂的给水管敷设方式分类

水电改造基础知识

水电材料全知道

学会识图看图

水路施工全知道

Chapter 4

电路施工全知道

## 1 顶面排列

给水管顶面排列的布置方式便于维修，由于管路都在吊顶上方，发现问题可以及时修理，不用砸墙或者破坏现有的装饰，非常方便，但这种方式造价要高一些，且不适合高层，容易压力不足。

## 2 墙面排列

多数家庭选择的给水管布管方式，墙排的方式管路安装较难，但用料最少，如发生漏水维修容易，且漏水容易发现，一般不容易造成重大损失。

## 3 顶面排列+墙面排列

因为墙面开槽对横向距离有规定，如果超出半米很容易破坏抗震性，所以在布管时，可以选择将顶面排列和墙面排列结合起来，主要部分从顶面走线，到卫生器具的出水口位置时，可以竖向走墙。

## 4 地面排列

地面排列一般不建议采用，电线管主要是从地面布线的，如果水电线路交叉，一旦发生渗漏后果将十分严重。厨房和卫浴间地面会铺瓷砖，厚实的砂浆是必要的，但会对管路造成压迫，特别是热水管，需要热胀冷缩的空间，如果没有这个空间，长时间后就容易发生爆裂。

# 管路封槽的要点

**水电**

①水路改造工程完工后，需要将前期开的槽封起来，一是为了保护管线，二是为了后期工程的顺利实施。

②关于封槽用水泥砂浆还是用石膏，需要根据槽线的深度具体地决定。

③水泥如果厚度太薄很容易开裂，而石膏则是厚度厚了容易开裂，正常深度的槽和厨房、卫浴间的槽线需要使用水泥砂浆，而浅槽用石膏封。

④选购材料时，也不要因为材料太普通而不注意，要注意看水泥的保质期，且不同标号的水泥不能混用；砂子要用中粗河沙。

⑤在封槽前先对管线进行一次检查，如果发现不稳固的地方，要对其进行加固。封槽的砂浆厚度应低于墙面8～10mm。

## 封槽的好坏关系着后期工程质量

水路改造工程之所以成为隐蔽工程，是因为完工后需要将管路封起来，"封"这一步也非常重要，它的目的是将墙上的管路填平有利于后期施工、将地面上的管路与后期铺砖的干砂隔离，保护管路的同时也方便后期工程的实施，如果封槽这一步操作得不好，很容易引起墙面工程或地面工程起鼓、翘曲等现象。

▲槽线的厚度大于3cm时，需要使用水泥砂浆进行封槽，热水管要留一定的热胀冷缩距离。

## 一学就会的管路封槽技巧

### 1 材料的质量应注意

水泥这种建筑材料的质量常被人们遗忘，其实水泥超过出厂期三个月以后就属于过期产品了，不能用来封槽，不同品种、标号的水泥不能混用。黄砂要用河砂、中粗砂。

### 2 封槽前先加固管路

水管线进行打压测试没有任何渗漏后，才能够进行封槽。水管封槽前，检查所有的管道，对有松动的地方进行加固。被封闭的管槽，所抹批的水泥砂浆应与整体墙面有一点高度差。

### 3 水泥砂浆的比例

管路封槽用1:1水泥砂浆，水泥砂浆应低于墙面8~10mm，以便后续刮腻子处理平整，表面要用水泥砂浆批粉，并要贴布防开裂；给水管封槽时，要给热水管预留一些膨胀空间。

### 4 石膏是否可以用来封槽

石膏不能太厚，厚了容易开裂。而水泥则不能太薄，太薄也会空鼓、开裂。管槽的深度为3cm以上时，用水泥最为合适。厨、卫后期贴砖一定要用水泥封槽。卧室等空间有浅槽则可用石膏封，不易开裂。

# 打压测试的要点

①打压测试是测试管路有无渗漏的主要手段，是水路改造的重要步骤，建议在施工前和施工后进行两侧打压测试。

②在管路施工完成后，检测给水管时，先将冷水管和热水管连接起来，保证都能够接受到压力，就可以开始进行打压测试。

③将管内的空气排空，让水充满整个回路，加压为工作压力的1.5倍，测试1小时，完成后调节为工作压力的1.15倍，测试2小时。

④在测试过程中，压力下降不能高于0.05MPa，如果发生压力下降速度很快的情况就证明管路中有渗漏的情况，应及时检查修补。

## 打压测试非常重要

很多业主在管路连接完成后，就会认为水路施工完成了，不会进行打压试验，或者进行了也没有特别注意是否符合时间及压力的要求。水路打压是整个水路改造中的一个重要步骤，水路开始工作后，将承受着巨大的压力，没有进行打压不能保证管路是否能够正常工作，一旦有连接不严密的地方，很容易发生渗漏或者爆裂。

▲打压试验使用打压器进行，将冷水水管连接起来，保证冷热水管同时打压，之后可以进行打压测试对管道进行检查。

**一学就会的打压测试技巧**

## ① 建议进行两次打压测试

水路施工前同样建议进行一次打压测试，请物业公司的人到场，测试原有管线是否有渗漏的情况，若有应及时解决再施工，避免责任混淆不清。在施工完成后，再进行二次打压，测试改造后的管路是否存在渗漏。

## ② 打压具体操作方法

测试给水管线时，应先将冷热水管连接，然后安装打压器，将管内的空气排空，使整个回路充满水，关闭水表及外部阀门后开始加压。压力应为工作时的1.5倍，且不能小于0.6MPa。

## ③ 注意观察测试数值

塑料给水管在测试压力下应稳压一小时，压力变化不能超过0.05MPa，之后调节成工作压力的1.15倍，稳压两小时，压力下降不能超过0.03MPa，各处均为渗漏，试验为合格。

## ④ 过程中需要注意的事项

在测试过程中，如果压力下降明显，检查管件与管体的接头有无渗水现象，如果发现渗水应及时修补，不能置之不理；打压的时间一定要足够，可以延长，但不能随意缩短。

# 二次防水的要点

①用水的空间在进行水路改造后，需要对地面和墙面重新做一次防水。

②在进行涂刷防水涂料之前，应先对基层进行找平，基层的平整程度，直接影响着防水涂料的涂刷质量。

③防水涂料分为粉料和液料，使用前应将它们充分地搅拌均匀，若用电钻搅拌时间不能少于5分钟，若人工搅拌，时间不能少于10分钟。

④涂料具体涂刷基层没有做具体要求，可结合所使用的材料特点及现场情况而定，但不能太厚，太厚容易导致开裂。

⑤涂料涂刷完成后应能够完全遮盖住基层，并没有气泡、气孔等缺陷。

⑥待涂料完全干透后，需要进行闭水测试来检测涂刷的质量，时间不能少于24小时。

## 用水空间需重做防水层

家居空间中的厨房、卫生间以及洗衣服用的阳台，如果做了水路改造，就需要重新做一次防水，以防用水的时候渗透到墙面或者楼下。做防水首先应准备防水涂料，这类材料都属于易燃品，存放时应注意远离火源和高温；做防水的空间应注意通风，如果温度在5℃以下或者阴雨天，则不宜进行施工；与施工无关的人员不宜进入操作空间中，也不要留杂物，避免破坏防水层。

▲地面需要全部进行二次防水，墙面如果不使用淋浴，涂刷30~50cm即可，若有淋浴需要涂刷180cm。

**一学就会的二次防水技巧**

## ① 做防水层之前先找平

在涂刷防水涂料前，无论是墙面还是地面，都应先进行找平处理，找平的效果直接影响涂料的涂刷效果。卫生间地面找平有坡度要求，每增加一米距离，坡度增加2~5cm，完成后可用乒乓球进行测试。

## ② 防水涂料施工要求

进行涂料涂刷前应确保面层整洁、干燥；涂刷完成后要求涂料要涂满面层，并且厚度要达到材料说明要求；涂料与面层结合牢固，干透后没有裂纹、气泡和脱落现象。

## ③ 涂料厚度要适宜

防水涂料具体要涂刷几层没有固定要求，可以根据涂料的特点，结合现场的涂刷效果具体决定，如果刷两次后还没有完全覆盖住，可以增加层数，但并不是越厚越好，太厚很容易开裂。

## ④ 涂料搅拌很重要

防水涂料的搅拌非常重要，将粉料和液料按照说明比例混合后，用电钻搅拌至少5分钟。过程中不可加入水或者其他液体对涂料进行稀释，一定要严格要求，避免涂料失去防水效果。

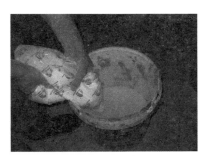

## 5 墙面涂刷高度视情况而定

在涂刷卫生间的墙面时，非承重墙及没有淋浴房的情况下主要承受水流的墙面，防水涂料要刷180cm的高度。非淋浴墙面要求做30~50cm高的防水涂料，以防积水渗透墙面返潮。

## 6 涂刷方向每层要相反

在进行涂刷涂料时，每一层都要统一向着一个方向刷，刷完一层后，不需要等到全部干透，只要摸着不粘手就可以开始刷第二层，两层的方向应相反或者垂直，这样操作可以避免有漏刷的地方。

## 7 角落要特别注意

涂刷到阴阳角、管道根部时可以处理成圆弧形状，让积水加速流出。地漏边缘、墙角、管道根部等接缝处建议使用高弹性的柔性防水涂料涂刷，这种涂料更具延展性，能够避免接缝移位导致渗水。

## 8 涂刷完成后要充分晾干

防水涂料涂刷完成后，还需要进行闭水试验来测试防水层的防水性。但在试验之前，需要让涂料与建筑层更好地结合在一起，让其完全干透。若试验过程中发现有渗漏的地方，应及时用补缝防水材料修补，直到没有任何渗漏情况为止。

## 防水涂料的施工顺序

| | |
|---|---|
| 基层找平 | 对墙面、地面等基层进行找平处理，带地漏的房间坡度应符合要求。 |
| 从墙角开始刷 | 先涂刷墙角，涂刷要均匀，不能露出基层。 |
| 处理角落 | 接着涂刷管道根部、地漏口、下水口等区域。 |
| 涂刷剩余区域 | 涂刷剩余的大块面区域，刷第二层应与第一层方向相反，且应比第一层略少0.5mm。 |
| 完工要求 | 完工后要求涂料的厚薄要一致，且厚度大于2mm，不能有露底、气泡、气孔、起鼓、脱落、开裂等情况出现。 |

# 一看就懂的闭水试验步骤

## 1 封地漏

做闭水试验首先应将地漏等下水口用塑料袋装入砂子封起来，避免水从排水口排出。如果卫生间与其他房间没有高差，应在门口用水泥砂浆垒一道 U 形门槛，挡住水流，避免外溢。

## 2 放水开始试验

处理好以上步骤后，就可以开始放水，将水流集中的地方用塑料桶盖等有阻挡作用的物件遮挡一下水流，以免冲力破坏防水层。水的高度以 2cm 为佳，24 小时后到楼下观察，如果没有渗漏现象，证明防水层施工合格，若有渗漏应及时修补。

# PP-R管的热熔连接

①PP-R管是家装给水管改造使用最多的材料，虽然有很多加工方式，但最常用的还是热熔连接的方式。

②热熔连接使用的工具为热熔器，在安装热熔器之前，先对机器进行检查，确定插销、电线完好，否则容易造成安全事故。

③除了检查机器还应对管材和管件进行查验，看是否为同一品牌。

④加工前将管路剪去头部，而后根据需要的长度用管剪剪断，热熔器选择合适的模头，打开机器加热到合适的温度，将管材和管件分别放入到两侧的模头中。

⑤达到加热时间后，取下管材和管件，直线互插。操作过程中无论是哪一步都需要无旋转的操作。

⑥冷热水管有不同的标志或者颜色，加工时不能混用。

## PP-R管最常用的方式为热熔连接

　　PP-R管常用的连接方式有：橡胶圈连接、黏结连接、法兰连接、热熔连接等形式。橡胶圈接口适用于管径为D63～D315mm的PP-R管材管件连接；黏结接口只适用管外径小于160mm的PP-R管材管件的连接；法兰连接一般用于硬聚氯乙烯管与铸铁管等其他材料阀件的连接；家装PP-R给水管道最常见的连接方式是热熔连接。

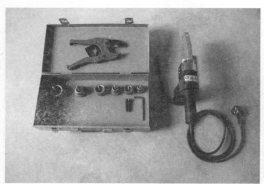

▲PP-R采用热熔的方式连接操作最简单，是家庭给水管路改造中最常用的一种连接方式。

**一看就懂的PP-R管热熔步骤**

## ① 加热热熔器，选择对应的模头

热熔器接通电源后有红绿指示灯，红灯代表加温，绿灯代表恒温，第一次达绿灯时不可使用，必须第二次达绿灯时方可使用，根据所需管材规格安装对应的加热模头，并用内六角扳紧，一般小模具头在前端，大的在后端。

## ② 用管剪裁切管体到合适长度

热熔器使用前，需清理四周的障碍物和易燃物，然后将其固定在支架上，再选择合适尺寸的模具头，将其固定。将管材切割到合适的长度，管材切割应使用专用管剪。

## ③ 连接水管和管件

热熔的最佳温度为 260 ~ 280℃ ，低于或高于该温度，都会造成连接处不能完全熔合，留下渗水隐患。热熔器接电，达到合适的焊接温度后，把管材直插到加热模头套内，到达所标识的深度，同时，把管件也同样操作。

## ④ 达到温度后取下管材和管件

达到加热时间后，立即把管材、管件从加热模具上同时取下，迅速无旋转地直线均匀插入到已热熔的深度，使接头处形成均匀凸缘，并要控制插进去后的反弹。 接好的管材和管件不可有倾斜现象，要做到基本横平竖直，避免在安装龙头时角度对不上。

## 一学就会的PP-R管热熔技巧

### 1 安装前先做好准备工作

在安装前，需要做好前期的准备工作，才能使安装迅速、人身安全有所保障，主要检查电线、插头是否完好，会不会出现漏电等问题。如果插头不安全，则会给安装带来很大的麻烦，可能会引起事故的发生。

### 2 加工前去掉管头

施工前，管道的两端去掉4~5cm，去掉管材可能因搬运过程中的不当操作造成的细小裂纹，保证使用的管路的完好。冬季施工应避免管材发生摩擦、碰撞、敲击或摔打。

### 3 管材、管件同一品牌连接更紧密

管道和连接件使用同一品牌的产品较好，因为材料相同，热熔连接更严密。带有金属螺纹的管件，必须缠足生料带，避免漏水。管件不宜拧得过紧，避免因用力过大而使配件壁周产生裂纹。

### 4 墙面、地面管必须热熔

墙面和地面的管体与管件连接必须用热熔的方式，禁止在管体或管件上直接套丝，这样能够使管路连接得更严密。嵌入墙体、地面的管道应进行防腐处理并用水泥砂浆进行保护。

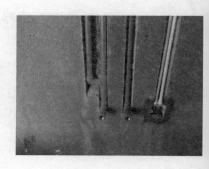

## 5 冷热水管不能混接

冷、热水管有不同的标志，通常会用颜色或者文字来标识，使用时应严格按照冷水管焊接冷水管、热水管焊接热水管操作，不能混接。完工后，在堵头丝口缠上生料带，防止漏水，再把堵头拧紧。

## 6 无旋转的插管很重要

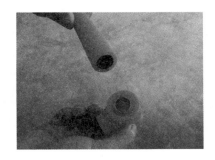

加热时应无旋转地把管端插入加热模头套内，并到达所标识的深度处，同时，还应无旋转地把管件推到加热模头上，达到规定标志处。

### 不同型号的PP-R管热熔时间

| 型号 | 加热时间 | 加工时间 | 冷却时间 |
|------|----------|----------|----------|
| 20管 | 5秒 | 4秒 | 3分钟 |
| 25管 | 7秒 | 4秒 | 3分钟 |
| 32管 | 8秒 | 4秒 | 4分钟 |
| 40管 | 12秒 | 6秒 | 4.5分钟 |
| 50管 | 18秒 | 6秒 | 5分钟 |
| 63管 | 24秒 | 7秒 | 6分钟 |

# PVC排水管的连接

## 水电快照

①家用PVC排水管的主要连接方式为胶粘连接，管材和管件加工好以后涂刷专用胶，粘在一起即可。

②因为连接方式相对简单，所以对锯口的要求就比较严格，要求平整不能变形，且需要加工出一定的坡度，使被连接的两部分能够更牢固地结合。

③在开始加工前，建议核对一下图纸，确认每根管路的尺寸，避免造成浪费。管材和管件按要求处理好以后，先进行一次插入试验，看插入过程是否顺利，中间是否严密没有缝隙。

④承插接口处理完成后，将多余胶擦掉，而后给胶粘剂一些固化时间。

## 一看就懂的PVC排水管加工步骤

### 1 用小圆锯或钢锯加工管材

PVC 管材确定了使用长度后，可以用钢锯、小圆锯来进行切割，切割后的两段应保持平整，用蝴蝶锉将毛边去掉，并且倒角（倒角不宜过大）。

### 2 用胶粘的方式连接

PVC 排水管加工方式为胶粘连接，操作方法为将管材切割合适的长度后，将所有接口处理平齐、干净后，用 PVC 管胶水把管件的上、下口对好，在胶水没有干的时候往下按进，微调，晾干后即可使用。

# 一学就会的PVC排水管连接技巧

## 1 需要准备的工具

开工前需要准备一些工具，包括PVC专用胶粘剂、手锯或小圆锯、砂纸、刮刀、卷尺、毛刷、生胶带、毛巾等。开始粘接前最好核对一下图纸，对管材的长度做到心中有数，避免造成浪费。

## 2 断口应平整

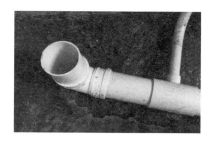

PVC管的加工断口应平整，断面处不得有任何变形。插口部分可用中号板锉锉成15°～30°坡口。坡口长度一般不小于3mm，坡口厚度宜为管壁厚度的1/3～1/2。坡口完成后，将残屑清除干净。

## 3 粘接前先插入试验一下

粘接前对承插口先插入试验，深度为承口的3/4。合格后，用棉布将承插口需粘接的部位的水分、灰尘擦拭干净。用毛刷涂抹粘接剂，先涂抹承口再涂抹插口，垂直插入，插入粘接剂将插口稍作转动。

## 4 给胶粘剂一些固化时间

承插接口连接完后，应将挤出的胶粘剂用棉纱或干布蘸少许丙酮等清洁剂擦洗干净。根据胶粘剂的性能和气候条件静至接口固化为止。冬季施工时固化时间应适当延长。

# 阀门、水表的连接

## 水电快照

①水表和阀门是家庭给水系统中的重要配件，阀门能够将水流截断，方便维修；水表属于计量配件，是有关部门要求的必须安装的配件。

②家用阀门多为手动阀门，可以安装在管路的任何位置上，阀杆应向上不能向下。

③阀门安装完成后，需要对配件、安装的牢固程度、阀门的灵活程度进行检查。

④水表在安装时不能随意地选取位置，前后的长度都有明确的规定，同时水表不能距离墙面太近。

⑤水表安装前应确定管道内没有杂物，否则容易使指针失灵，安装完成后，应将水表保护起来。

 **一学就会的阀门、水表连接技巧**

## ① 安装阀门前，先阅读说明书

阀门安装前，按设计文件核对其型号，并按流向确定安装方向，仔细阅读说明书。PP-R管的阀门属于水管配件，同样是以热熔方式连接的，在进行连接时，阀门不能关闭。

## ② 手动阀门安装在容易操作的位置

用手柄拧动的阀门可以安装在管道的任何位置上，通常是安装在平时比较容易操作的位置上。在水平管道上安装阀门时，阀杆应垂直向上，不允许阀杆向下安装；淋浴上的混水阀需要同时连接上冷水管和热水管。

## ③ 明杆阀门不宜装在地下潮湿处

安装阀门时，不宜采用生拉硬拽的强行对口连接方式，以免因受力不均，引起阀门的损坏；明杆闸阀不宜装在地下潮湿处，否则很容易使阀杆被锈蚀，搬动时发生断裂等情况，缩短使用时间。

## ④ 阀门安装后记得检查一下

安装完毕后的阀门各种配件应齐全、完好。用手拧动的阀门，应来回旋转数次测试，灵活无停滞现象，说明使用正常。

## ⑤ 水表前后管道长度有要求

为了保证水表计量的准确性，安装时水表进水口前段的管道长度应至少是5倍表径以上距离，出水口管道的长度至少是2倍表径以上的距离。

## ⑥ 水表不能距离墙太近

保证水表的前后方具有足够长的直线管段，水表安装位置不能离墙太近，这对水平螺翼式水表尤为重要，水表外壳距墙面的距离为10～30mm。

## ⑦ 安装时应保证管道没有杂物

安装水表前应保证管道内部干净无杂物，以防杂物流入水表使其损伤。安装水表的管道应保证充满水，不会使气泡集中在表内，避免安装在管道的最高点。

## 8 水表水流方向要与管道一致

水表的进水口和出水口的连接管道不能缩小管径。水表前应安装一个阀门，以便维修的时候截断水路。水表水流方向要和管道水流方向一致。

## 9 安装水表先调试再拧紧

当水表前管段调整好以后，先用手把水表两端的活接头拧2~3扣，左右两边必须同时操作，等水表完全处于自然状态下，再同时拧紧两端的活接头螺纹。

## 10 安装完成后缓慢放水

水表口径要根据额定流量来选择。水表上的法兰密封圈不能突出伸入管道内或错位安装。水表安装以后，要缓慢放水充满管道，防止高速气流冲坏水表。调试完成后，将水表保护起来，避免损坏。

| 水表口径与月流量 | | |
|---|---|---|
| | 口径：DN15 | $1 \sim 300m^3$ |
| | 口径：DN20 | $150 \sim 450m^3$ |
| 旋翼式水表 | 口径：DN25 | $200 \sim 600m^3$ |
| | 口径：DN40 | $500 \sim 1800m^3$ |
| | 口径：DN50 | $900 \sim 2700m^3$ |

▲注：选择水表时，应结合自家的大概月流量选择适合的口径。

# 厨、卫水路布局

①厨房和卫生间的水路管线尽量走顶走墙不走地，地面有防水层在，维修起来特别麻烦。

②布置厨房水路时，要特别注意冷、热进水口的水平位置和垂直高度，通常是安排在洗菜盆下方的橱柜中，但考虑与橱柜和下水位置的相互影响，是否方便使用。

③厨房还应考虑水槽的位置，如果有洗碗机，同时也要将洗碗机的进水、排水考虑进去。

④卫生间中的主要设备就是洁具，所有的水路布局都是为了更方便地使用洁具。现在很多人的做法是先改水路后买洁具，要尽量避免买回的洁具安装不上的问题。

 **一学就会的厨房水路布局技巧**

## 1 厨房水路尽量走墙不走地

厨房水管敷设尽量走墙、走顶，不要走地，因为厨房通常都会做扣板吊顶，如果管路出现问题，可以将吊顶卸下，维修非常方便。而地面要做防水，一旦出现问题，维修起来非常麻烦。

## 2 冷、热进水口水平位置的确定

确定冷、热进水口水平的位置，应该考虑冷、热水口的连接和维修空间，一般都是安装在洗物柜中，但要注意洗物柜侧板、下水管的位置对冷热水管道安装是否有影响。

### ③ 冷、热进水口及水表高度的确定

确定冷、热进水口及水表的高度，应该考虑冷热水口、水表连接、维修、查看的空间及洗菜盆和下水管对它们的安装是否存在影响，一般安装在离地200～400mm的位置。

### ④ 下水口位置的确定

确定下水口的位置，应主要考虑排水的通畅性，以及水槽的位置，还应考虑维修的方便性和地柜款式的影响，一般安装在洗菜盆的下方。

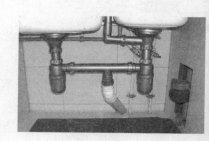

### ⑤ 洗碗机的进水、排水位置

洗碗机的冷、热进水口一般安装在洗物柜中，高度在墙面位置离地高200～400mm的位置；排水口一般安装在洗碗机的左右两侧地柜内，不宜安装在机体背面。

### ⑥ 角阀的安装位置

水盆下面的角阀应装在龙头下30cm左右，太低软管容易够不到，软管的最佳方式是呈"L"型，不要直上直下，软管接头容易崩开。

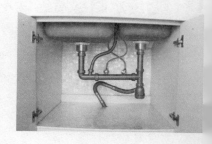

### ⑦ 水槽位置的安排

水槽负责着厨房的清洁工作，合理的布局方式为：水槽侧面距离墙面至少40cm，另一侧距离至少要保留80cm，才能方便操作，且不应太靠近转角。

# 一学就会的卫生间水路布局技巧

## 1 卫生间水路同样不走地

同厨房一样，卫生间在敷设水管的时候尽量走墙不走地，以后维修不用破坏防水层，更为方便、省力。地面必须做防水层，若开槽布管，则必须连墙面需要的部分一起做二次防水。

## 2 注意洁具的进、出水口位置

卫生间内的所有水路设计都是为了洁具的使用目的的，现在大多数人的习惯是先装修后买洁具，如果购买的洁具比较少见，就容易出现安装不上的情况。安排卫生间水路布局时，要特别注意这个问题。

| 卫生间常用洁具配件安装高度 | | | |
|---|---|---|---|
| 名称 | 安装高度（mm） | 名称 | 安装高度（mm） |
| 面盆水龙头 | 800～1000 | 淋浴器截止阀 | 1150 |
| 面盆龙头角阀 | 450 | 坐便器低水箱角阀 | 150 |
| 淋浴花洒 | 2000～2200 | 挂式小便器角阀 | 1050 |
| 浴盆龙头 | 670 | 洗衣机龙头 | 1200 |
| 淋浴器混合阀 | 1150 | 热水器进水 | 1700 |

# 洗菜盆与水龙头的安装

①在安装洗菜盆前，应先将龙头根据说明书组装起来，包括进水管。

②安装洗菜盆先从溢水孔的下水管开始，要注意连接的密封性，确保不会漏水。之后安装过滤篮的下水管，与槽体之间同样要连接牢固；最后安装过滤篮。

③洗菜盆在安装完毕后要进行排水试验，测试排水情况和有无漏水，发现漏水马上修补。全部没有问题后，在洗菜盆的周围打上玻璃胶。

④之后安装龙头，进水管从洗菜盆的龙头孔处穿到下方，从底部将紧固件安装，并拧紧。之后将进水管与预留的进水口相连，

一看就懂的洗菜盆、龙头安装步骤

## 1 先安装溢水孔的下水管

首先安装溢水孔（避免洗菜盆向外溢水的保护孔）的下水管，在安装溢水孔下水管的时候，要特别注意与盆上槽孔连接处的密封性，要确保不漏水，可以用玻璃胶进行密封加固。

## 2 安装整体排水管

然后安装过滤篮的下水管，此时要注意下水管和槽体之间的衔接，要牢固、密封。再安装整体排水管，同样要牢固、密封性要好。基本安装结束后，安装过滤篮。

水电改造基础知识

水电材料全知道

学会识图看图

**水路施工全知道**
Chapter 4

电路施工全知道

## ③ 完成后进行排水试验

全部安装完成后进行排水试验，将洗菜盆放满水，同时测试两个过滤篮下水和溢水孔下水的排水情况。发现哪里渗水再紧固固定螺母或是打胶。

## ④ 对洗菜盆进行封边

做完排水试验确认没有渗漏等问题后，可以对洗菜盆进行封边。使用玻璃胶封边，要保证洗菜盆与台面连接缝隙均匀，不能有渗水的现象。

## ⑤ 将龙头按照说明书组装起来

按照说明书要求把龙头组装起来，先将一根软管连接到龙头上，从上方深入到面盆中，再将另一根软管套上易装器及橡胶垫从盆地穿过，之后拧紧易装器，最后拧紧易装器的套筒。

## ⑥ 龙头安装要求

安装水龙头时，要求安装牢固，连接处不能出现渗水的现象。龙头上进水管的一端连接到进水口时注意衔接处的牢固度要适宜，不可太紧或太松；冷热水管的位置是左热右冷。在选购龙头时，宜选择所需要的固定配件是纯铜的款式，可以防止生锈腐烂。

---

**TIPS:**
**洗菜盆、龙头安装注意事项**

每个家庭选择的洗菜盆款式都会有一些差异，并不会完全相同，在切割台面时，应保证台面上所留出的洗菜盆位置应该和洗菜盆的尺寸相吻合。安装洗菜盆之前，应该把水龙头和进水管连接完毕。

# 面盆的种类和安装

①面盆按照造型可以分为台上盆、台下盆、立柱盆和壁挂盆4种款式，安装方式各有不同。

②台上盆造型变化多，选择性就多，装修效果比较理想。安装比较简单，将面盆放在开孔的台面上，将排水连接完毕，在面盆与台面的相交处打胶密封即可。

③台下盆比较整洁，但款式较为单一，不适合小台面。对安装工艺要求较高，需要在台下固定托架在墙上来安装面盆。

④立柱盆占地面积小，很适合小卫生间。因为分成两部分，它的组装略微麻烦一些，首先应先用水平尺给盆和立柱找平，之后在墙上钻孔，将立柱和盆固定。

⑤壁挂盆运用得较多，同样适合小卫生间，主要靠膨胀螺栓来悬挂固定在墙面上，对墙体要求较高。

## 不同造型面盆安装方式有区别

　　家庭常用的洁面盆按照造型的不同可以分为台上盆、台下盆、立柱盆和壁挂盆4种。每一种面盆的安装方式都不太一样，台上盆安装最简单，立柱盆因为由两部分组成，安装最麻烦。而无论哪一种面盆，安装时都应该掌握好高度，如果太矮会使人腰酸，太高用起来会感觉不顺手。安装完毕后，不要忘记进行排水试验。

▲面盆安装完毕后，跟洗菜盆一样，也要进行一次排水试验，检测排水功能是否完好，有无渗漏的地方。

# 一看就懂的面盆款式分类

## ① 台上盆

台上盆在造型上变化较多，对应不同风格的装修选择性也多一些，艺术盆多为台上盆，装修效果比较理想。但台上盆的安装必须在边缘用玻璃胶或者其他物质封边，时间长了就会出现变黑发黄等现象，影响美观。

## ② 台下盆

台下盆安装完后整体外观比较整洁，但样式比较单一，因为大部分坐于台下，维修比较麻烦；由于台下盆的台面下支架交错，若在小台面上安装很难保证安装质量。

## ③ 立柱盆

立柱盆占地面积小，适合小卫生间。柱盆的造型多简洁，柱式结构将排水组件隐藏到柱盆的柱中，给人以干净、整洁的外观感受。柱盆和台盆比起来，没有收纳空间，进出水口暴露在外边，美观度不如台盆。

## ④ 壁挂盆

壁挂盆是用悬挂的方式固定在卫生间墙壁上的面盆，同样适合小卫生间。因为主要靠悬挂来固定，嵌入墙身的支架和螺钉可能会因为长期使用或者承重力不足而松动，致使盆身下坠，因此壁挂盆适用于墙排水结构的卫生间。

## 1 安装台上盆方法最简单

台上盆的安装比较简单，只需按照安装图纸在台面预定位置开孔，然后将盆放置于孔中，调整位置，用硅胶将缝隙填实，再安装龙头即可。

## 2 台下盆对安装工艺要求高

台下盆对安装工艺要求较高，首先需按台下盆的尺寸定做台下盆安装托架，然后再将台下盆安装在预定位置，固定好支架，再将已开好孔的台面盖在台下盆上，并固定在墙上，一般选用角铁托住台面然后与墙体固定。

## 3 立柱盆安装先找水平

安装立柱盆比较麻烦一些，需要先将盆放在立柱上，挪动盆与柱使接触吻合，移动整体至定位的安装位置。将水平尺放在盆上，校正面盆的水平位置。盆的下水口与墙上出水口的位置应对应，若有差距移动盆。

## 4 在墙上与地上钻孔塞入螺栓

在墙和地面上分别标记出盆和立柱的安装孔位置。按提供的螺钉大小在墙壁和地面上的标记处钻孔。塞入膨胀粒，将螺杆分别固定在地面和墙上，地面的螺杆外露约25mm，墙上的螺杆露出墙面的长度按产品安装要求。

## ⑤ 固定立柱和盆

将立柱固定在地面上。将面盆放在立柱上，安装面涂抹玻璃胶，安装孔对准螺栓，将面盆固定在墙上，并固定螺钉组装上。

## ⑥ 给立柱盆连接水管及打胶

连接供水管和排水管，将立柱与地面接触的边缘、立柱与洗面器接触的边缘涂上玻璃胶，放在洗面器下面固定。用软管连接角阀并放水冲出进水管内残渣。

## ⑦ 安装壁挂盆先钻孔固定螺栓

将挂盆靠在墙上，用水平尺平衡位置，在墙上标注盆的位置。将挂盆移动到别的地方并用适应的冲击钻在标记的地方钻孔。固定膨胀螺栓，将挂盆固定在螺栓上，旋紧螺母。用硅胶将盆与墙的缝隙填满。

## TIPS:
### 面盆安装规范

1.面盆与排水管的连接应牢固、紧密，且应便于拆卸维修，连接处不能有敞口，面盆与墙面接触部应用硅膏嵌缝，尽量不要使用玻璃胶。

2.如过面盆的排水存水弯和水龙头是镀铬产品，安装时注意不能损坏镀层。

3.面盆的深度和安装在上面的水龙头水流的强度应成正比，水流强的水龙头搭配深度较深的面盆，浅面盆搭配弱水流的龙头。

4.无论是独立式还是台式洗脸池，池面或台面离地高度都应在70~90cm，太矮或者太高会感觉不方便、不舒适。

5.排水栓与洗涤盆连接时排水栓溢流孔应尽量对准洗涤盆溢流孔，以保证溢流部位畅通。镶接后排水栓上端面应低于洗涤盆底。

# 坐便器的种类和安装

①坐便器按照造型可分为连体式和分体式；按照排污方式可分为墙排水和下排水；按照冲水方式可分为冲落式和虹吸式。

②坐便器的款式，可以结合卫生间的面积及个人的喜好来进行选择。冲水方式并不是固定的，如连体式可以是冲落式也可以是虹吸式。

③如果卫生间内的排污口没有保护起来，安装坐便器之前应先检查排污口内是否有垃圾，然后将排污口裁切留下2~5cm高度即可。

④之后按照操作步骤，将坐便器安装完成，重要的是要固定好法兰。

⑤安装完成后，应对坐便器进行检查，看安装是否牢固、冲水是否无碍。

## 按照造型、排污方式和冲水方式分类

坐便器是家庭中必不可少的洁具之一，它可以按照造型方式、排污方式和冲水方式进行不同的分类。按照造型可分为连体式、分体式；按照排污方式可分为后排水（墙排水）和下排水；按照冲水方式可以分为冲落式和虹吸式。可以根据卫生间的面积及室内排水方式、生活习惯来选择适合的款式。

▲可以将坐便器不同的分类方式结合起来选择，如小卫浴、不喜欢噪声，就可以选择连体虹吸式坐便器。

# 一看就懂的坐便器分类

## 1 冲落式

冲落式坐便器是最传统的，也是目前国内中、低档坐厕中最流行的一种排污方式，是利用水流的冲力来排出污物。此类坐便器用水量大，不容易堵塞，比较适用于后排污坐便器，冲水噪声较大。

## 2 虹吸式

虹吸式坐便器是经过改良后的二代坐便器，是借助水在排污管道内充满水后所形成的一定压力（虹吸现象）将污物排走。若是下排式坐便器，虹吸式下水比较适用，冲水的噪声较小。

## 3 连体式

连体式坐便器是指水箱与座体合二为一设计的款式，安装简单，不需要单独的安装水箱和座体。对卫生间的面积没有要求，不论是大卫生间还是小卫生间都能使用，且造型美观，但价格比分体式的相对贵一些。

## 4 分体式

分体式坐便器是指水箱与座体分开设计的款式，分开安装的马桶，维修简单，但安装比较费力一点，需要单独安装水箱和座体。分体式马桶一般适用于空间较大的卫生间，价格较低。

## 5 后排式

　　后排式坐便器也叫墙排式座便器，马桶大多靠墙安装，适合排污口在墙壁内的卫生间。选择后排式马桶，要考虑排污口中心离地面的高度。

## 6 下排式

　　下排式又称竖排式，马桶的排污口在地面，是使用最多的一种排水方式。购买下排式坐便器要先测量排污口中心点离墙的距离，如果距离不符就会安装不上。

## 一学就会的坐便器安装技巧

### 1 安装前先检查、裁切排污口

　　坐便器预留的排污管口径非常粗，如果没有封口，很容易掉落东西进去，在安装之前应先对排污管道进行检查，看管道内是否有泥沙、废纸等杂物堵塞。排污管口通常都会预留得长一些，安装前应根据坐便器的尺寸，将长出的部分裁切掉，高出地面2~5mm为最佳。

### 2 给水管道冲洗后再连接水管

　　在安装坐便器的水箱之前，应先放水3~5分钟冲洗给水管道，将管道内的杂质冲洗干净之后再安装角阀和连接软管。

## ③ 法兰要固定好

坐便器的出水口一般厂家会配有法兰用于密封，安装时一定要将其固定好；如果没有法兰，可用玻璃胶(油灰)或水泥砂浆（1：3）来代替。

## ④ 用密封胶将底座与地面相交处密封

坐便器安装完成后，应使用透明密封胶将底座与地面相接处封住，这样做是为了将卫生间局部积水挡在坐便器的外围。

## ⑤ 智能坐便器需要连接电源

智能坐便器需要连接电源，安装的时候注意连体坐便器的进水管口、出水口与墙壁间的距离、固定螺栓打孔的位置均不得有水管、电线经过。

---

### TIPS:
#### 坐便器安装规范

1. 密封坐便器出水口不能使用单独的水泥来密封，时间长了以后会因为水泥膨胀而导致坐便器开裂。

2. 坐便器安装后应等到玻璃胶（油灰）或水泥砂浆固化后方可放水使用，通常为24小时。

3. 安装完成后应检查确认进水阀进水及密封正常，排水阀安装位置灵活、无卡阻及渗漏，进水阀过滤装置应安装到位。

4. 坐便器就位后要求进水无渗漏、水位正确、冲刷畅通、开关灵活、盖稳固。

5. 安装完成后打开角阀检查连接口有无渗漏、箱内自动阀启闭是否灵活。

6. 检查箱内水注满后水位高度与溢水管距离；用力摇晃坐便器，查看安装是否稳固。

7. 将厕纸团成一团放入坐便器内，边冲水边观察，检查各接口有无渗漏。连续冲放不少于三次，以排放流畅，各接口无渗漏为合格。

# 智能坐便盖的安装

①智能马桶盖比智能马桶价格要低很多，但是同时又具备智能马桶的一些功能，性价比很高，很适合想要智能功能但是不方便换马桶的家庭。

②购买智能马桶盖需要注意，并不是所有的马桶都能够安装，且墙面一定要有预留的插座，如果没有插座也不能安装。

③智能马桶盖使用的插座应有防溅水功能，并且远离淋浴区；如果房子不常住人，不适合安装智能马桶盖，容易滋生细菌。

④注意马桶盖的尺寸是否与马桶参数相符，如孔距。

⑤换盖的过程比较简单，注意安装完成后不要忘记进行功能的测试。

## 智能马桶盖功能强大但价格实惠

　　智能马桶盖拥有智能马桶的功能，但比智能马桶价格实惠、安装简单、维修更换容易等优点，故被越来越多的家庭选用。需要注意的是，并不是所有的坐便器都适合安装智能马桶盖，市面上的智能马桶盖主要是圆形的，所以方形的马桶就不适合安装。如果坐便器与智能马桶盖不是相同品牌，那么智能马桶盖要与家中所使用的坐便器的尺寸相匹配。

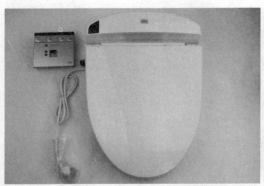

▲智能马桶盖能够代替智能马桶的部分功能，但性价比更高。

## 一学就会的智能坐便盖安装技巧

### 1 需要预留单独的防溅水插座

安装前要预留防溅水插座和入水口；需要单独的带开关插座，并远离淋浴区；不适合不常住人的房子，因为容易产生细菌；智能马桶盖只要与马桶口吻合，就可以搭配任意马桶；安装时需要提前清楚马桶盖的功能。

### 2 注意尺寸是否与马桶相符

安装智能马桶盖的时候，首先要掌握的就是尺寸，如坐便器上的安装孔与座圈的距离一般情况下是小于7cm，两个安装孔之间的距离为15cm左右，如果孔距不符合，就会安装不上。

### 3 轻松换盖

关闭自来水阀门，卸下马桶水箱的连接管，拧松原有普通坐便盖的固定螺母，使其与马桶进行分离。安装马桶盖的智能盖板，将洁身器的水管连接三通，打开自来水阀门进行调试。

### 4 安装完成别忘测试

安装完成后插上电源，不要坐上去，按"清洗按钮"或"女用"按钮，此时智能马桶盖会开始往水箱内注水，约2分钟水箱内注满水后洁身器会发出提示音。核对说明书看各项功能是否能够正常使用。

水电改造基础知识

水电材料全知道

学会识图看图

水路施工全知道
Chapter 4

电路施工全知道

# 小便器的安装

① 有安装小便器的计划，建议在设计水路之前就将喜欢的款式买回家，而后根据它的尺寸设计出水和排水口，更不容易出错。

② 小便器按照安装方式可以分为落地式和壁挂式两种，按照用水量可以分为普通型和节水型，通常来说家居适合使用壁挂式的，比较节省空间。

③ 壁挂式的小便器分为地排水和墙排水两种，如果是墙排水，一定要清楚排水口的高度，若不然很容易买回来却安装不上。

④ 安装小便器，需要先将密封圈套在下水管道口，之后用密封胶将小便斗的橡皮圈与密封圈接口封严。

⑤ 在小便器安装完成后，其与墙、与地的接缝处都要打胶。

## 小便器是安装时出错率最高的洁具

小便器是所有需要安装的洁具中出错率最高的一种，主要原因是它的进水管和排水管的管孔位置尺寸要求精确度高，稍有差距就装不进去，勉强安装上又影响美观性。因此在选购小便器时应清楚所购买的类型和尺寸。按安装方式可以分为落地式（带感应器和不带感应器）和壁挂式（带感应器和不带感应器）；按用水量可以分为普通型（5L以下）和节水型（3L以下）。

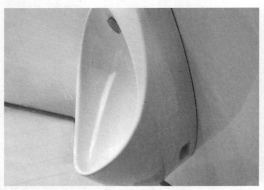

▲左图为壁挂式小便器，右图为落地式小便器，两款同时还可以分为带感应器和不带感应器两种。

**一学就会的小便器安装技巧**

## ① 选择落地式先把小便斗买回家

若安装落地式小便斗一定要在做管道时就购买小便器。因为安装小便器时，排水管到墙砖位置的安装尺寸精确度要求高，如果给错尺寸，就会安装不上，如果尺寸是定做的，更换起来会非常麻烦。

## ② 壁挂式墙排水要注意排水口高度

壁挂式小便斗分为地排水和墙排水，地排水的小便斗比较简单，墙排水的小便斗需要注意排水口的高度，最好提前购买，按小便斗的尺寸来预留进出水口。安装小便斗时一般不配马头，建议购买铜马头。

## ③ 先安装密封圈

安装小便器，需要在确认尺寸正确的情况下再安装。先把密封圈套紧下水管道口，防止小便斗漏水，用密封胶涂在小便斗橡皮圈与密封圈的接口处，并把小便斗稳定放在安装处。

## ④ 安装完成后要打胶

通过水平尺确定小便器安装的水平度后，在小便器底部、上部及左右侧划上线，确认小便斗的后部的安装位置，并打孔且用专用配件固定牢。安装后部配件后，在小便斗与靠墙和靠地的缝隙涂上密封胶。

# 妇洗器的安装

水电快照

①妇洗器是专门为女性设计的局部清洗洁具，使用方便，用水少，同时也适合有便疮和疹等疾病的人士使用，结构组成为台盆、龙头。

②高度与坐便器相等，只要坐在上面就可以完成清洗，非常简单、快速。

③妇洗器应安装在平整的地面上，地面必须干净，排污管需设置存水弯，不能用水泥安装妇洗器。

④妇洗器的排污口与下水管道之间应涂抹玻璃胶或者油泥，避免污水外溢；安装妇洗器时膨胀螺栓不宜拧得过紧，以防妇洗器破损。

⑤安装妇洗器一定要注意将排污口与下水管道入口对齐，安装结束后，在妇洗器与地面的缝隙处涂抹玻璃胶，最后试冲水无异常才可使用。

## 妇洗器使用方便适合女性

妇洗器是一种为女性的身体结构而专门打造的一款非常好的洁具用品，方便易用，用水量很少，当不够时间淋浴，又想快速地清洗局部，妇洗器便能满足需要。结构有台盆、水龙头，龙头有冷水和热水，款式分为直喷式和下喷式。 妇洗器与坐便器高度相同，使用者只需两脚分开坐在妇洗器上，面对水龙头，控制水流速度、水温就可完成清洗，同样适合有便疮、疹等疾病的人士使用。

▲妇洗器按照喷水方式可以分为直喷式和下喷式两种，按照安装方式可以分为壁挂式和落地式两种。

**一学就会的妇洗器安装技巧**

## 1 应安装在平整的地面上

安装前，应完成墙地砖施工、预留进水管和排污管。妇洗器应安装在坚硬平整的地面上，地面须清理干净，与妇洗器连接的排污管需设置存水弯。不能用水泥安装净身器。

## 2 固定时不宜将螺栓拧得过紧

妇洗器的排污口应对准下水管道入口，在结合处涂抹玻璃胶或油泥，确保污水不溢出管外；妇洗器安装孔用膨胀螺栓紧固时，不宜太紧，以防破损。安装和使用时避免猛力撞击。

## 3 安装时先将排污口对准下水管

先将妇洗器排污口与下水管道入口对齐摆正；在安装孔处做好标记；移开净身器在标记处钻孔放入膨胀螺栓；安装妇洗器龙头及去水；连接排污管并将其插入排污口。

## 4 安装完成后别忘记试冲水

在妇洗器底面边缘涂抹玻璃胶；对准膨胀螺栓将妇洗器固定在地上；在装饰帽内涂抹玻璃胶将之卡在螺栓上；安装角阀并放水冲出进水管内残渣；用软管连接角阀及净身器龙头；试冲水，若无异常即可使用。

# 淋浴器的安装

①将淋浴器取出后，先组装配件，看是否缺少零件并核对品牌、型号。

②将阀门关闭，取下墙面预留的冷、热进水口的堵头，让水流一会儿，放出水管内残留的杂质。

③将冷热水管阀门对应的弯头与墙面水管对接，对接无误后拧紧固定。安装淋浴器的连接杆，使其垂直。

④将连接杆用膨胀螺栓固定在墙面上，最后安装花洒的连接软管。连接完毕后，拆除易阻塞部分，继续放水，将杂质排除。

⑤安装淋浴器，一定要注意淋浴器的冷热水口与墙面上预留的距离是否符合，如果不符合则安装不上，可以在贴墙砖之前先比画一下，如果不合适马上更换。

 **一看就懂的淋浴器的安装步骤**

## 1 组装零件关闭阀门

将各部分零件按照说明书的示意组装起来。关闭总阀门，将墙面上预留的冷、热进水管的堵头取下，打开阀门放出水里面的杂物。

## 2 将冷热水阀门与墙上的给水口对接

将冷、热水阀门对应的弯头涂抹铅油，缠上生料带，与墙上预留的冷、热水管头对接，用扳手拧紧。将淋浴器阀门上的冷、热进水口与弯头对接调整，把弯头的装饰盖安装在弯头上，拧紧。

## 3 连接杆放置到阀门的预留接口上

将淋浴器阀门与墙面的弯头对齐后拧紧。扳动阀门，测试安装是否正确。将组装好的淋浴器连接杆放置到阀门上预留的接口上，使其垂直直立。

## 4 固定连接杆

将连接杆的墙面固定件放在连接杆上部分的适合位置上，用铅笔标注出将要安装螺钉的位置。在墙上的标记处打孔，用冲击钻打孔，安装膨胀塞。

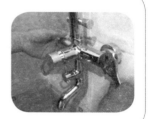

## 5 固定喷淋头

将固定件上的孔与墙面打的孔对齐，用螺钉固定住。将淋浴器上连接杆的下方在阀门上拧紧，上部分卡进已经安装在墙面上的固定件上。弯管的管口缠上生料带，固定喷淋头。

## 6 放水让杂质流出

最后安装手持喷头的连接软管。安装完毕后，拆下起泡器、花洒等易堵塞配件，使软管内的水流出，直到将杂质完全清除为止，再装回。

### TIPS:
#### 淋浴器安装规范

给淋浴器预留的冷、热水接口，安装时要调正角度。可以先购买淋浴器，在贴瓷砖前把花洒拧上，看一下是否合适。一般来说，龙头距离地面70~80cm，龙头与淋浴柱接头长度为10~20cm，花洒距地面高度在2.1~2.2m。一般情况下，冷热水分布应为面对龙头左热右冷，有特殊标志除外。安装升降杆的高度，其最上端的高度比人身高多出10cm即可。

# 浴缸的种类和安装

① 浴缸按照安装方式的不同可以分为独立式浴缸和嵌入式浴缸两种，独立式浴缸安装方便，不需要台面，但不适合行动不便的人；嵌入式浴缸安装麻烦一些，但更安全。

② 安装独立式浴缸需要先组装配件，然后将浴缸移动到预装位置上，调整水平度，连接进水管和排水管，检查有无渗漏即可完成。

③ 嵌入式浴缸需要搭砌台面，用砖、水泥砌好一个轮廓，外层贴砖，轮廓底部用砂子垫实，避免损坏釉面，然后将浴缸放进去调整水平，使浴缸四角与台面完全接触，受力均匀。

④ 连接上下水管道，做测试，没有问题后，在浴缸与台面交界处打胶。

## 一看就懂的浴缸的分类

### 1 独立式浴缸

独立式浴缸不需要台面，安装后就能够直接放在地上使用的浴缸，它可以随意挪动位置，安装简单、方便维修，可以跟洁具一起在最后安装，但不适合行动不便的人。

### 2 嵌入式浴缸

嵌入式浴缸是完全镶嵌在台面中的一种款式，安装比独立式浴缸要麻烦很多，需要搭砌台面，维修不方便，但美观且安全性比较高，是家庭中使用较多的一种安装形式。

**一学就会的浴缸安装技巧**

## ① 安装独立式浴缸进出水口是重点

独立式浴缸在组装好配件后，将浴缸放到预装位置上，用水平尺测量水平度，而后调整浴缸脚，至完全水平。连接进水口和排水管，将排水口用胶密封，避免异味上返。放满水进行检查，无渗漏则安装完成。

## ② 安装嵌入式浴缸需先做防水

安装嵌入式浴缸需要先做防水，一定要做闭水试验，保证无渗漏再进行下一步。安放浴缸时，下水口一端要略低于另一端，靠外的一端要略低于靠内的一端。包裹浴缸的整个台子部分要有足够的支撑力。

## ③ 下水部位要留检修口

浴缸底部不要使用硬物支撑，直接垫砂子，可以避免损坏釉面。浴缸底部及四周边角要与台面完全接触、受力均匀。溢流管和排水管的接头处应连接紧密。为了维修方便，下水部位要预留检修口。

## ④ 完成后检查安装是否牢固

在与浴缸接触的墙壁上打上胶，能够有效防止底部潮湿，还可以有效延长浴缸的使用寿命。安装结束后重点验收浴缸的安装是否牢固；浴缸表面有无划伤；排水顺畅没有阻力；各连接处有无渗漏情况。

# 地漏的种类和安装

① 地漏，是连接排水管道系统与室内地面的重要接口，作为住宅中排水系统的重要部件，它的性能好坏直接影响室内空气的质量，对卫浴间的异味控制非常重要。

② 地漏按照材质可以分为PVC地漏、合金地漏、不锈钢地漏和黄铜地漏；按照结构可以分为水封地漏和无水封地漏。

③ 地漏款式的选择可以根据空间的特点而定，如淋浴间头发较多，适合选择过滤功能好的款式，过滤功能不足会导致异物堵塞管道，清理工作将十分麻烦。

④ 淋浴间的冲水量是最大的，为了保证水能够迅速漏下而不至于积水，需要选择排水量大的款式；洗衣机瞬间流水量极大，就需要选择直排水的款式。

## 地漏可以按照材质和构造分类

目前市场上的地漏从材质上分，主要有PVC、铝合金、不锈钢、黄铜等材质；按照构造结构还可分为水封地漏和无水封地漏。选择地漏应选择排水通畅的类型，不仅要下水快，还要防堵塞防返水；防臭功能要好，同时能够防返味、防害虫；便于清理，最好是免清理类型。还要注意材料的工艺是否精细，表面是否圆滑平整，粗糙或有毛刺的地漏易挂脏东西，会影响地漏的自清功能。

▲除了按照材质或构造分类外，还有很多地漏在出售时是按照使用功能分类的，如专门的洗衣机地漏。

# 一看就懂的地漏分类

水电改造基础知识

水电材料全知道

学会识图看图

Chapter 4

水路施工全知道

电路施工全知道

## 1 PVC地漏

PVC 地漏是继铸铁地漏后出现的产品，也曾普遍使用。价格低廉，重量轻，不耐划伤，遇冷热后物理稳定性差，易发生变形，是低档次产品。

## 2 合金地漏

合金地漏材质较脆，强度不高，时间长了如使用不当，面板会断裂。价格中档，重量轻，但表面粗糙，市场占有率不高，如铝合金地漏、锌合金地漏等。

## 3 不锈钢地漏

不锈钢地漏价格适中，款式美观，市场占有量较高，材质有304 不锈钢及 202 不锈钢之分，前者不会生锈，质量要高于后者，购买时要事先问清。

## 4 黄铜地漏

黄铜地漏分量重，外观感好，工艺多，造型美观、奢华，豪华类产品多为此类，但有的铜地漏镀铬层较薄，时间长了地漏表面会生锈。

## 5 水封地漏

传统水封式地漏为钟罩式结构，即用一个扣碗扣在下水管口上，营造出一个"扣盅"型存水弯，从而达到密封的目的，所以叫作"水封"。

## 6 无水封地漏

无水封地漏不采用水封，而是采用其他方式来封闭排水管道气味，包括机械无水封和硅胶无水封两种。其中，机械无水封又有很多种类，它是通过弹簧、磁铁等轴承来工作的。

## 地漏构造形式比较

| | | |
|---|---|---|
| **水封地漏** | 倒钟罩式 | 利用虹吸原理，加大了排水速度，同时克服了排水管道大量排水时在管道内产生虹吸效果而破坏地漏的水封的现象，有效地保护了地漏的密闭功效。 |
| | 偏心式 | 将返水弯做到下水管里，地漏芯是采用工程塑料制造的，构造简单，设计巧妙，用很少量的水，就能达到深水封的效果。 |
| | 酒提式 | 外形如打酒的酒提，大管套小管，这样的结构不仅排水畅通，还解决了易挂毛发的问题。 |
| **无水封地漏** | 机械无水封（弹簧、磁铁、浮球、偏心块） | 通过弹簧、磁铁、轴承等机械装置，用软质材料将地漏下水的臭气密封住，排水量大，但弹盖板一旦生锈，密封性就会失去保障，防臭效果也就会丧失。 |
| | 机械无水封（重力滑动式） | 不借助弹簧、磁铁等外力，排水量大，杂质污物随水流直接冲入下水道中排出，不会藏污纳垢，不会堵塞，而且水压越大，密封性越好，且易清洁。 |
| | 硅胶无水封 | 柔软，耐高温，不用水时闭合严密，不会漏气，排水特别通畅，密封极好，不会引起管道堵塞，可以算是免清理地漏。 |

**一学就会的地漏安装技巧**

## ① 必须安装地漏的位置

淋浴下面，适宜选择可以便于清洁的款式，因为头发较多，1~2个淋浴器需要直径为50mm的地漏，3个淋浴器需要直径为75mm的地漏；洗衣机附近，此地漏要关注排水速度问题，直排地漏是最佳选择。

## ② 可选安装地漏的位置

坐便器旁边，地面会比较低容易积水，时间长了会有脏垢积存，安装一个地漏利于排水；厨房和阳台，如果厨房排水管不是成反水弯式需要装地漏，一般阳台都用来晾晒衣服，也会有少量的积水，建议安装。

## ③ 安装地漏前选择合适的直径

安装地漏之前，先检查排水管直径，选择适合尺寸的产品型号。铺地砖前，用水冲涮下水管道，确认管道畅通，以下水管中心为基准，将地砖按地漏体尺寸裁切出方孔。

## ④ 地漏比地砖低一些更合适

以下水管为中心，将地漏主体扣压在管道口，用水泥或建筑胶密封好。地漏上平面低于地砖表面3~5mm为宜。将防臭芯塞进地漏体，按紧密封，盖上地漏箅子。

# 地暖系统的安装

**水电快照**

① 地暖是采用电或水暖加热的辐射采暖，与传统式采暖比较，具有舒适健康、节能环保、散热均匀稳定、减少楼层噪声等特点。

② 水暖和电暖各有优劣，可以结合居住环境的情况进行具体的选择。

③ 地暖布管可以分为螺旋形布管、迂回形布管和混合形布管三种形式，分别适用于不同的户型。

④ 水暖的主要设备是分集水器，它是固定在墙上的，必须安装牢固。

⑤ 布管之前需要在地面上铺设一层复合镀铝聚酯膜，之后铺设一层钢丝网，再将地暖管固定在上面。

⑥ 地暖安装完成后需要进行试压测试，测试合格并没有渗漏的情况后，将地暖用砂石回填平整，干透后再进行地板或地砖的铺设。

## 地暖是一种辐射散热的采暖方式

地暖是地板辐射采暖的简称，是将温度不高于60℃的热水或发热电缆，暗埋在地热地板下的盘管系统内加热整个地面，通过地面均匀地向室内辐射散热的一种采暖方式。地暖可分为电暖和水暖两种方式。电暖分为电缆线采暖、电热膜采暖、碳晶板采暖和电散热器采暖等；水暖分为低温地板辐射采暖、散热器采暖和混合采暖等。

▲地暖分为电暖和水暖两种供暖方式，电暖能源为电，水暖需要将水加热供暖。

## 地暖采暖方式比较

| | 水暖 | 电暖 |
|---|---|---|
| 安装 | 地暖可分为电暖和水暖两种方式。电暖分为电缆线采暖、电热膜采暖、碳晶板采暖和电散热器采暖等；水暖分为低温地板辐射采暖、散热器采暖和混合采暖等。 | 安装简便，100 m²需4人2天。 |
| 取暖效果 | 预热时间3小时以上，地面达到均匀至少4小时以上，冷热点温差10℃。 | 预热时间2～3小时，均热时间4小时左右，冷热点温差10℃. |
| 安装高度 | 保温层2 cm＋盘管2 cm＋混凝土层5cm=9cm。 | 保温层2cm＋混凝土层5cm=7cm。 |
| 耗材 | 水管内温度55℃以上，因此地面混凝土厚度在3cm以下会开裂，必须加装钢丝网，至少增加30元/ m³的水泥成本。 | 电缆线温度在65℃以上，地面混凝土厚度至少5cm，并需加装钢丝网，至少增加30元/ m³的水泥成本。 |
| 耗能 | 实际使用能耗很高，经验数值为100m²的房间每月1800元以上。 | 电能耗高，经验数值为100m²的房间每月1500元以上。 |
| 使用时长 | 地下盘管50年，铜质分集水器10～15年，锅炉整体寿命10～15年。 | 地下发热电缆30～50年，10年之内电缆外护套层有老化现象，热损增高温控器3～8年。 |

 **一学就会的地暖安装技巧**

## ① 螺旋形布管的特点

产生的温度通常比较均匀，并可通过调整管间距来满足局部区域的特殊要求，此方式布管时管路只弯曲90°，材料所受弯曲应力较小。

## ② 迂回形布管

迂回形布管方式产生的温度通常一端高一端低，布管时管路需要弯曲180°，材料所受应力较大，适合在较狭窄的小空间内采用。

## ③ 混合形布管

混合形布管是将两种布管方式结合起来，根据不同户型的特点，在不同的区域采用不同方式，此种布管因地制宜，经常被采用。

## ④ 地暖的铺设步骤

地面找平层检验完毕→材料准备→安装地暖分水器→连接主管→铺设保温层、边界膨胀带→铺设反射铝箔层→铺设盘管→连接分水器→根据施工图进行埋地管材铺设→设置过门伸缩缝→中间验收（一次水压试验）→豆石混凝土填充层施工→完工验收（二次水压试验）→地暖公司进行运行调试。

TIPS：
**地暖的安装规范**

1.地暖系统安装前，必须保证整个房屋水电施工完毕且通过验收;已完成墙面粉刷，外窗、外门已安装完毕;保证施工区域平整清洁，没有影响施工进行的设备、材料、杂物。

2.施工的环境温度条件不宜低于5℃;应避免与其他工种进行交叉作业，并且确保预留好后期需要的孔洞。

3.分水器、集水器上均要设置排气阀，避免冷热压差或补水等造成的气泡影响系统运行。

4.分水器、集水器内径不应小于总供、回水管内径，且最大断面流速不宜大于0.8m/s。

5.每个分水器、集水器分支环路不宜多于8个。分水器之前宜设置过滤器，可以放置杂质堵塞计量器和加热管。

**一学就会的地暖安装要求**

## ① 分集水器安装必须牢固

分集水器用4个膨胀螺栓水平固定在墙面上，安装要牢固。边角保温板沿墙粘贴专用乳胶，要求粘贴平整，搭接严密。底层保温板缝处要用胶粘贴牢固，上面需铺设铝箔纸或粘一层带坐标分格线的复合镀铝聚酯膜。

## ② 钢丝网铺设有要求

在铝箔纸上铺设一层Φ2钢丝网，间距100mm，规格2m×1m，铺设要严整严密，钢网之间用扎带捆扎，不平或翘曲的部位使用钢钉固定在楼板上。

## ③ 长于6m要留伸缩缝

地暖管要用管卡固定在苯板上，固定点间距不大于500mm，大于90°的弯曲管段的两端和中点均应固定。地暖安装工程的施工长度超过6m，一定要留伸缩缝，防止热胀冷缩从而导致地暖龟裂影响供暖效果。

## ④ 安装完成后要试压

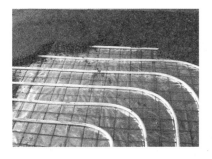

检查加热管有无损伤、间距是否符合设计要求后，进行水压试验。试验压力为工作压力的1.5～2倍，但不小于0.6MPa，稳压1小时内压力降不大于0.05MPa，且不渗不漏为合格。地暖管验收合格后，回填细石混凝土。

# Chapter 5

# 电路施工全知道

# 电路改造步骤

①家装电路改造具体步骤为：出图→材料进场→定位→弹线→开槽→埋管→穿线→安装配电箱→封槽。其中，定位是至关重要的一步，是后续工程的基础和保障。

②定位是根据家中的用电设备的数量、安装位置，来制定所使用的插座、开关的高度和数量，将它们在墙面、地面上表示出来。

③定位后，根据电线的走向，用墨斗线将电源、插座、电箱的位置连接起来，便于开槽。

④电路开槽与水路开槽的方式和要求是相同的，都使用开槽机在墙面、地面开槽，槽路要求横平竖直。

⑤布管和穿线顺序不是固定的，根据习惯，可以先布管后穿线，也可以反过来进行。

⑥封槽前，一定要对室内所有的线路进行全景拍照，存档便于维修和以后的改进。

## 电路改造画线要规范

电路改造是家庭装修改造工程不可缺少的一步，原有建筑提供的电路布置并不能满足每个家庭的需求，基本上所有家庭都会进行电改。电路改造包括定位、画线、开槽、埋管、穿线等一系列工序。其中，定位同水路改造一样，也是至关重要的一步。规范、正确的画线是电路改造工程质量的基础和保障，必须按照规范执行。

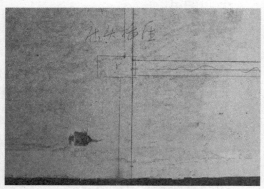

▲定位画线不能随意地操作，不可以拐弯，应使用规范的工具按照要求定位、画线。

# 一看就懂的家装电路改造步骤

## 1 改造先出图

电路包括的项目比水路多，不仅有开关、插座，还包括灯具，在进行电路改造前，为了做到心中有数，建议跟设计人员先进行沟通，让对方出具图纸，然后根据图纸进行施工。

## 2 定位

电路施工定位的目的是明确各种用电设备、设施（如洗衣机、电灯、电视机、冰箱、电话等）的数量、尺寸，安装位置，并将它们需要的电源位置在墙面上表示出来，为后期的施工打好基础，以免影响电路施工进度。

## 3 画线

画线的目的是确定电线布线的线路走向、中端插座、开关面板的位置，用墨斗线在墙面、地面上标示出其明确的位置和尺寸，以便于后期开槽、布线。

## 4 开槽

电路开槽与水路开槽方法是相同的，同样是用开槽机，沿着墙面的画线痕迹，开出水管槽路。槽路要求横平竖直，不能有弧度很大的拐弯，边沿应整齐，底部没有杂物和突出的尖角，不能直接用电锤开槽。

## 5 布管

　　根据开关、插座的位置将暗盒安装到槽线内进行固定，将电工 PVC 套管根据需要的长度截断，将管体与配件进行连接，固定在墙面开完的槽线内。

## 6 穿线

　　将电线穿到固定好的电工套管内，要求一条管路的中间位置不能有任何电线接头，电线接头只能在暗盒中。穿线和套管没有固定顺序，根据习惯可以先固定管路再穿线，也可以反过来。

## 7 安装配电箱

　　根据家中控制回路空气开关的数量选择配电箱的尺寸，购买额定流量合适的空气开关，在墙面剔除好的电箱槽内，分别安装强电箱和弱电箱。

## 8 检测通电情况、拍照留底

　　电路安装完毕后，用万象表检测一下开关、插座的预留线头，以及电箱内的电线是否通电。对各个空间的槽线、布管情况拍照留底，便于维修以及防止后续装修破坏管线。

## 9 封槽

　　检查无误确认电路可以正常工作后，用水泥砂浆将墙面及地面的槽路填满。厚度比墙面略低一些，更有利于后期的找平工作。

## ⑩ 安装开关、插座面板及灯具

当室内装修基本完成后，将开关、插座的面板安装在暗盒上，并对每个插座进行检测，看相线连接是否正确。之后按照设计要求，安装每个房间的灯具，安装完毕同样需要检测开关是否好用。

### 电路改造容易出现的误区

在电路改造中，很多人由于对此行业完全不了解，很容易造成一些误区，完全听施工人员的指挥，造成一些隐患而不自知，从购买或者检验材料开始，避免这些误区才能够保证家庭装修电路改造的整体质量。

## 电路改造容易出现的误区

| | |
|---|---|
| **电线选错材料** | 选择电线时要用铜线，忌用铝线。铝线的导电性差，通电过程中电线容易发热甚至引发火灾。 |
| **电料费用要了解** | 如底盒这种小件的电料，只要是知名品牌，价格相差不会太多，如果改造公司收费十几甚至是几十，就要引起注意。 |
| **隐藏电箱位置** | 很多业主嫌弃电箱较难看，常通过一些设计，将其隐藏起来，很容易留下火灾隐患。 |
| **不索取电路图纸** | 开工前应要求施工方绘制电路图纸，以及在完工后应及时向对方索取电路工程竣工图，这样有助于在一定限度内预防电路系统的隐患发生。同时，也有利于线路的维修、更新。 |
| **不要图纸也不拍照** | 如果没有电路竣工图纸或者对方提供了图纸，在封槽前都应对每个房间的线路进行全景拍照，对这一项应引起足够的重视，很多人完全没有这个意识，为后续工程或生活带来很多麻烦。 |
| **安装完毕后不检测** | 很多业主在电路改造完成后，会检查灯具的开关，但不会对插座进行检测，等到使用的时候才会发现有不通电或者相线错误的现象。为了避免麻烦，一定要在安装完成后就及时进行检验，发现问题马上维修。 |

# 电路改造施工规范

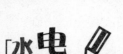

①电路改造的危险性要比水路改造还要大一些，如果一个环节出现问题，很容易对人身安全产生危害，严格地按照施工规范施工是必要的。

②在开工之前首先要确认所有的材料是否为合格产品，所用的电线的规格是否与预计使用的电器功率匹配，施工人员是否有从业资格证。

③布管、穿线应按照要求的距离进行，线管内不能有接头，同一根线管内电线数量不能超出标准，暗盒预留的线头长度应符合规定。

④电路与煤气、水路相遇时，距离应符合要求；配电箱的设置应与图纸一致；封槽之前应对电线管路做好保护，防止损伤。

## 电路改造应遵循施工规范

　　家装电路改造工程与水路改造工程一样，同属于隐蔽工程，在装修过程中有着非常重要的地位，电路不仅非常隐蔽而且属于非常容易出现安全隐患的工程，一旦出现问题，轻则影响电器使用，重则会引发火灾。因此详细地了解电路改造施工的规范与要求是十分必要的，能够预防很多问题的出现，为家居安全提供更多的保障。

 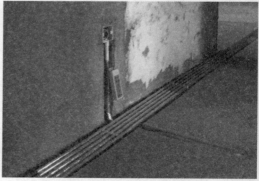

▲ 电路施工必须严格按照规范操作，否则很容易留下安全隐患，规范施工能够最大限度地避免危险。

**一学就会的电路改造施工规范**

# 1 所用电料必须为合格品

使用电线、管道及配件等施工材料必须符合产品检验及安全标准。施工前应确定开关、插座品牌，是否需要门铃及门灯电源，校对图纸跟现场是否相符。配电的箱尺寸，须根据实际所需空气开关而定。

# 2 电线必须符合规格

家庭装修中，按国家的规定，照明、开关、插座要用2.5mm²的电线，空调要用4.0mm²的电线，热水器要用6.0mm²的电线。但是实际操作中，照明线却是使用1.5mm²电线的较多。

# 3 施工人员应有从业资格

无论是自己找施工队伍还是由家装公司来进行水电改造，施工人员都应具有当地劳动部门核发的在有效期内的岗位作业证书，不能让无证人员进行电路改造。

# 4 电线要穿管禁止直接埋

线路穿PVC管暗敷设，布线走向为横平竖直，严格按图布线，管内不得有接头和扭结。禁止电线直接埋入灰层，顶面或局部承重墙开槽深度不够，可改用BVV护套线。

## 5 一个管内的电线不能超量

管内导线的总截面积不得超过管内径截面积的40%。同类照明的几个支路可穿入一根管内，但管内导线总数不得多于8根；电话线、电视线、电脑线的进户线不能移动或封闭，严禁弱电与强电走在同一根管道。

## 6 暗盒内电线长度有要求

导线盒内预留导线长度应为150mm，接线为相线进开关，零线进灯头；面对插座时为左零右相接地上。电源线管应预先固定在墙体槽中，要保证套管表面凹进墙面10mm以上（墙上开槽深度＞30mm）。

## 7 电线不能裸露在吊顶上

所有入墙电线，用弯头、直接、接线盒等连接，不可将电源线裸露在吊顶上；导线装入套管后，应使用导线固定夹子，再抹灰隐蔽或用踢脚板、装饰角线隐蔽。

## 8 电线与煤气管道距离有要求

线管与煤气管间距同一平面不应小于100mm，不同平面不应小于50mm，电器插座开关与煤气管间距不小于150mm。

## 9 水电相遇电路在下

电气管路与水管在同一平面或交叉敷设时，一般电气管路在下，相互间距不小于50mm。如条件不允许，则应采取可靠的隔热措施。

## ⑩ 强、弱电不能距离太近

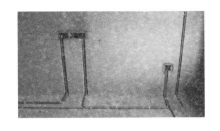

家居中一般指弱电为电话、电视、宽带、音响等，强电为电源线。两者不能同穿一根管内，平行距离为300mm以上。

## ⑪ 封槽之前对电线做好保护

地面没有封槽之前，必须保护好PVC套管，不能有破裂损伤，铺地板砖时PVC套管应被砂浆完全覆盖，若木地板是钉装，电线应沿墙角铺设，以防被钉子损伤。

## ⑫ 同一位置的插座、开关需一样高

开关、插座安装必须牢固、位置正确，紧贴墙面。在同一个空间中，开关、插座常规高度安装时必须以水平线为统一标准。

## ⑬ 配电箱严格按照图纸设置

配电箱中必须设置总空气开关（两极）＋漏电保护器（所需位置为4个单片数），严格按图分设各路空气开关及布线，配电箱安装必须设置可靠的接地连接。电器布线均采用BV单股铜线，接地线为BBR软铜线。

## ⑭ 在配电箱上标明电路名称

经检验电源线连接合格后，应浇湿墙面，用1：2.5的水泥砂浆封槽，表面要平整，且低于墙面2mm。工程安装完毕应对所有灯具、电器、插座、开关、电表断通电试验检查，并在配电箱上准确标明其位置。

# 定位画线与开槽

①电路定位的目的是在墙面、地面上标示出用电设备的电源、开关位置，包括强电用电设备和弱电用电设备，强电是动力电而弱电是信号电。

②进行开关定位时，还应清楚开关的类型，如单控、双控还是多控。

③定位插座时应清楚该插座使用的设备所对应的功率，如是普通插座还是多功能插座，是电器插座还是空调插座，空调的匹数等。

④还应考虑有无特殊的用电要求，如红外线感应开关、智能家居设备等。

⑤定位后根据线路走向进行画线，而后用开槽机沿着画线的方向进行开槽，电路开槽要求与水路相同，槽路要求横平竖直。

## 根据用电设备进行定位、画线

　　水路定位是标出用水设备的进、出水口位置，而电路定位则是要标出用电设备的电源位置以及开关的位置。家庭的用电设备包括强电设备和弱电设备，强电设备包括冰箱、灯具、热水器、空调等；弱电设备包括网络插座、音响插座、电视插座等。在绘制图纸前，应对种类、数量、位置及有无特殊要求做到心中有数，而后根据图纸在墙面、地面进行定位。

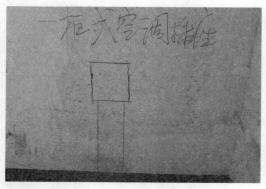
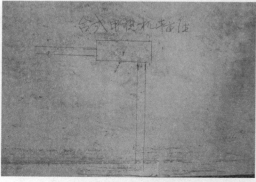

▲空调是使用柜机还是挂机、热水器是燃气热水器还是电热水器，有无特殊的用电设备等都应该在定位时确定下来。

**一学就会的定位画线与开槽技巧**

水电改造基础知识

水电材料全知道

学会识图看图

水路施工全知道

**电路施工全知道**

Chapter 5

# 1 明确开关、插座的数量

施工前需明确每个房间家具的摆放位置、开关插座的数量，以及是否需要每个卧室都接入网线及电视线，从而考虑布管引线的走向和分布。明确各空间的灯具开关类型，是单控、双控还是多控。

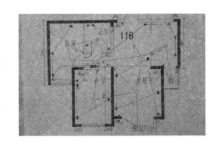

# 2 标注要清晰、字体颜色要一致

明确顶面、墙面、柜内的灯具数量、类型及分布情况。用彩色粉笔或者黑色墨水笔在墙上做标记，要求字迹清晰、醒目。标注的字体要避开开槽的地方，且标注的颜色要一致。

# 3 考虑有无特殊电路施工要求

考虑有无特殊电路施工要求，需要放在桌子上的电器，其插座的位置要将底座考虑进去。同一个屋子里面使用多个灯泡时，是否需要分组控制。如果床头采用台灯，考虑插座的位置是在床头柜上还是床头柜后面。

# 4 确定空调和热水器类型

空调定位时，需要考虑采用的插座是单相还是三相，是柜机还是挂机。定位热水器时，应清楚是燃气热水器、太阳能热水器还是电热水器。厨房的插座定位时，需要了解橱柜的结构。

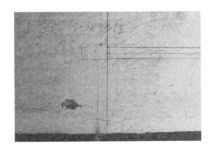

## ⑤ 确定是否使用音响

整体浴室的定位，应结合所使用产品的说明和要求完成。如果使用音响，需要明确其类型、安装方式、方位，是自己布线还是厂家布线。若安装电话，需要明确是否安装子母机。

## ⑥ 画线的目的

画线是为了确定电线布线的线路走向、中端插座、开关面板的位置，在墙面、地面标示出其明确的位置和尺寸，以便于后期开槽、布线。

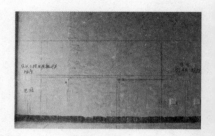

## ⑦ 承重墙横槽长度有要求

在墙面上开线槽很有讲究，要求槽线横平竖直，最为规范的做法是承重墙不允许开横槽，会影响墙的承受力，如果一定要走横槽，长度不宜超过半米。

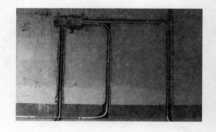

## ⑧ 根据建筑结构选择开槽机刀片

墙面开槽可分为砖墙开槽、混凝土墙开槽以及不开槽走明线几种情况，具体根据建筑采用的材料而决定采用何种开槽机刀片。开槽要求位置要准确，深度要按照管线的规格确定，不能开得过深。

## ⑨ 根据插座部位决定开槽方向

如果插座在靠近顶面的部分，在墙面垂直向上开槽，到墙顶部顶角线的安装线内。如果插座在墙面的下部分，垂直向下开槽，到安装踢脚板位置的底部。

# 开关、插座的位置与高度

水电改造基础知识

水电材料全知道

学会识图看图

水路施工全知道

**电路施工全知道**

Chapter 5

①开关、插座的安装位置和高度，不仅会影响人们使用的方便程度还会影响美观，是电路改造中比较重要的一个项目。

②通常来说，开关的位置为门边20cm以内，高度为1200~1400mm，具体高度与肩膀同高。

③插座的高度较为多样，需要根据电器具体来定，如台灯、落地灯、电扇、饮水机等插座的高度为离地面300~350mm，洗衣机为1000~1350mm，挂机空调为1800~2000mm，电热水器为1800~2000mm，低插冰箱为500mm左右，高插冰箱为1300mm。

④根据空间的不同，所使用的开关、插座类型也略有区别。

## 开关插座是电路改造的主要内容

开关、插座的安装高度和位置直接影响人们使用的舒适度，另外还会影响美观，是电路改造中比较重要的一项。开关的安装高度主要取决于开灯的习惯，根据家人的平均身高，选择大家都合适的高度安装，且距离门边20cm左右的位置，方便人伸手就能够到。插座的位置并不是都需要遮盖起来，如果使用吸尘器就需要留一个外露的插座，方便插电源。

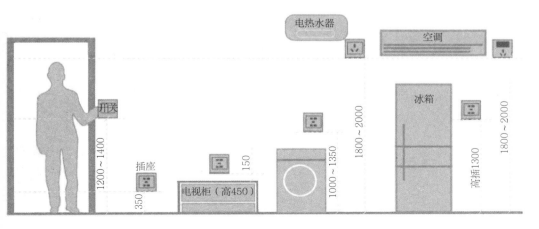

▲上图为家庭开关及集中常用电器设备的插座高度定位尺寸。

# 一看就懂的不同空间开关插座安装建议

## ① 玄关

### 插座安装建议

玄关通常不需要安装插座，如果玄关有特殊性的设计，如玄关台上摆放台灯或者需要插座的一些装饰时，根据需要设置插座，高度根据需要商定。

### 开关安装建议

多数人都习惯用右手，因此建议玄关的开关安装在进门后的右手边的墙壁上，但还需结合实际情况不方便安装在右侧可以安装在左侧，建议选择带荧光的款式。安装高度为1200～1400mm，具体可参考肩膀高度，同高最舒适。

## ② 客厅

### 插座安装建议

电视墙上的插座根据电视壁挂电视的底座位置制定插座的高度，通常安装在电视底座下沿上方高100mm处的位置，建议安装5孔插座3个。壁挂空调插座高度为距离地面1800mm，柜机插座高度为距离地面300～350mm。

### 开关安装建议

客厅建议安装两个双控开关或一个多控开关用于控制灯具，安装位置在开门方向的墙上，距离门框为200mm左右最为舒适，如果客厅与玄关为开放式，可将开关直接放在玄关；建议安装调灯开关一个，位于沙发旁边，用来控制灯的亮度，高度距离地面300～350mm。

水电改造基础知识

水电材料全知道

学会识图看图

水路施工全知道

电路施工全知道

Chapter 5

## ③ 餐厅

### 插座安装建议

若有壁挂空调，插座高度为距离地面1800mm。建议在侧面墙上设计几个多功能五孔插座或者三孔插座搭配五孔插座，作为备用，高度为距离地面300～350mm。

### 开关安装建议

餐厅中的开关建议安装在餐厅侧面墙壁上，高度为1200～1400mm，根据灯具的数量安装一个单控开关。大多数餐厅都位于开敞空间中，并与厨房邻近，建议跟厨房的开关放在一起，便于控制。

## ④ 卧室

### 插座安装建议

建议集中在床的两侧，每侧各安装一个三孔和两个多功能五孔插座、网络和电话插座，还可以直接选择带有USB插口的插座，方便同时满足台灯、手机等设备的供电。高度为在床头柜上方约200mm，距离地面为70～80mm。

### 开关安装建议

根据室内灯具的数量，在进门处的墙壁左侧或者右侧安装一个或者两个双控开关，高度为1200～1400mm；床头两侧各安装一个或两个双控开关，也可选择带调光功能的开关，高度与床头两侧的插座平齐，让居住者躺在床上也可以关闭或控制主灯。

## 5 书房

### 插座安装建议

电脑等桌面插座高度可以设置在1100mm，也可设置在距离地面300～350mm的高度，安装在邻近书桌的侧墙，数量建议三个多功能五孔插座以及一个网络插座，或者直接在书桌下方使用地面插座，电脑插座建议选带开关的款式。

### 开关安装建议

书房通常面积比较小，所以开关可以根据室内灯具的数量，采用几个单控开关，如果有主灯、筒灯或灯带，还可以直接使用一个转换开关。开关建议使用带有夜光功能的，方便晚上开灯。

## 6 厨房

### 插座安装建议

冰箱插座适宜放在冰箱两侧，高插距地1300mm、低插500mm，所有台面插座距地1250～1300mm，可以多装几个。暗藏式消毒碗柜的插座高度为离地300～400mm，吸油烟机插座高度一般为离地2000mm。燃气热水器插座一般距地高180～230cm，烤箱插座距地面500mm左右。

### 开关安装建议

厨房若装有排风系统，就需要安装两到三个单控开关，一到两个控制灯具，一个控制排风。位置为普通开关高度，若厨房面积较大，可以放在厨房内，如果面积不大，可以放在门外与餐厅开关放在一起，排风开关建议放在侧边。

水电改造基础知识

水电材料全知道

学会识图看图

水路施工全知道

电路施工全知道
Chapter 5

## ⑦ 卫浴间

### 插座安装建议

排气扇等的插座距地面为1800~2000mm，马桶后为智能盖预留一个插座，高度为350mm。其他插座高度一般为离地1400mm左右，电热水器插座高度一般为离地1800~2000mm，距离水设备近的建议使用防水插座。

### 开关安装建议

建议安装一个多联开关，分别控制排气扇、浴霸、主灯、镜前灯等，控制顺序按照使用频率安排，使用最多的放在最顺手的位置，依次向内排列。建议使用防水开关，避免被潮气侵蚀。

## ⑧ 阳台

### 插座安装建议

阳台如果做洗衣的用途，需要安装一个洗衣机插座，距地面1000~1350mm，可以选择带开关的类型；如果有阅读、休闲的需要，在距离地面350mm左右的距离建议安装几个插座以备不时之需。

### 开关安装建议

建议安装一个双控开关，另一个在客厅或者室内其他区域进行控制，如果忘了关闭阳台灯，还可以在室内关闭。若阳台只做洗衣、晾衣用途还可以安装红外线感应开关，在人进入时自动开启，出去时自动关闭，很方便。

# 布管与套管加工

① PVC电线套管弯管需要使用弯管弹簧，当管径小于25mm时，采用冷煨法进行弯管，管径大于25mm时，需要采用热煨法进行弯管。

② 管路的布置应横平竖直，采用金属导管应设置接地，多管并列不能有缝隙。

③ 地面管路敷设完成后，应及时固定，当管路弯曲时，在弧度两边300～500mm处应分别加管夹固定，以保护管线。

④ 强、弱电线管相遇时，强电在下、弱电在上，并都用锡纸包裹做防干扰处理。

⑤ 遇到管路过长一根管不够长的时候，直接采用胶粘法将管路加长，注意连接后一分钟内不要动管体，给胶一些固定时间，使管粘接得更牢固。

## 开槽后开始布管

在槽线打完以后，就可以开始进行管线敷设。一般来说，家庭装修的电线线路都分为强电和弱电，原则上是要求强电走墙、弱电走地，如果特殊情况，两者都走地，相遇要做防干扰处理。PVC管的加工、管路的排列和缝隙、当管路超过一定长度时的处理这些都有严格的要求，同样需要按照规范操作，并严格执行。

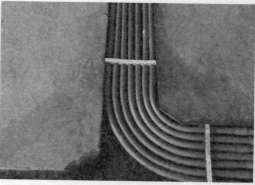

▲强电尽量走墙、弱电走地，管路敷设完成后要及时用管夹固定，多管并列时间隙不能过大。

**一学就会的PVC套管布管技巧**

## ① 套管弯管继续使用弯管弹簧

按合理的布局要求布管，暗埋导管外壁距墙表面不得小于3mm。PVC管弯曲时必须使用弯管弹簧，弯管后将弹簧拉出，弯曲半径不宜过小，在管中部弯曲时，将弹簧两端拴上铁丝，便于拉动。

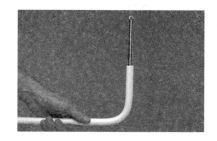

## ② 管长超数要加线盒

导管与线盒、线槽、箱体连接时，管口必须光滑，线盒外侧应该套锁母，内侧应装护口。直管段超过30m、含有一个弯头的管段每超过20m、含有两个弯头的超过15m、含有3个弯头的超过8m时，应加装线盒。

## ③ 布管排列应横平竖直

采用金属导管时，应设置接地。为了保证不因为导管弯曲半径过小，而导致拉线困难，导管弯曲半径尽可能放大。布管排列横平竖直，多管并列敷设的明管，管与管之间不得出现间隙，拐弯处也同样。

## ④ 地面布管要固定

地面管路敷设完成后，应加固定卡，卡距不超过1m。需注意在预埋地热管线的区域内严禁打眼固定。在水平方向敷设的多管（管径不一样的）并设线路，一般要求小规格线管靠左，依次排列，以管管平服为标准。

## 5 强弱电相遇用锡纸包裹

正常情况下要求强电走墙、弱电走地，应避免两种管线遇到，强电会干扰弱电的信号。若特殊情况下，强电需要走地，当两种管线相遇时，强电在下，弱电在上，交叉处用锡纸包裹严密，避免干扰。

## 6 若管路完全需要加固定点

管路弯曲时，应在圆弧的两端300～500mm处加固定点。管路进盒、进箱时，一孔穿一管。先接端部接头，然后用内锁母固定在盒、箱上，再在孔上用顶帽型护口堵好管口，最后用泡沫塑料块堵好盒口。

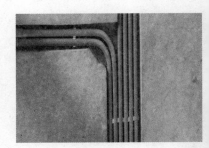

### 电线与其他管道有距离要求

在进行电线线路改造时，难免会与其他线路相遇，为了保证家居生活的安全性，电线与燃气、热力管道，热水管和弱电相遇时，都有安全距离的要求，在布置管线时要引起注意。

| 电线管道与功能管道的安全距离 | |
| --- | --- |
| 距燃气管 | 平行净距不小于300mm，交叉净距不小于200mm。 |
| 距热力管 | 有保温层，平行净距不小于500mm，交叉净距不小于300mm；无保温层，平行净距不小于500mm，交叉净距不小于500mm。 |
| 距热水管 | 平行敷设时不小于300mm，尽量避免交叉。 |
| 距弱电管线 | 平行距离不应小于500mm，交叉时应做防干扰处理。 |

**一学就会的PVC套管加工技巧**

## 1 PVC管弯管冷煨法

适合管径在25mm以下的PVC线管。使用剪管器截断管路，断口应锉平。将弯管弹簧插入PVC管内需要煨弯处，两手抓牢管子两头，顶在膝盖上用手扳，逐步煨出所需弯度，然后，抽出弯簧。使用手扳弯管器煨弯，将管子插入配套的弯管器，手扳一次煨出所需弯度。

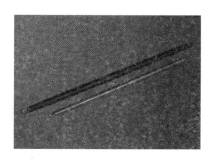

## 2 PVC管弯管热煨法

适合管径在25mm以上的PVC线管。用电炉子、热风机等将管加热均匀，烘烤管子煨弯处，待管子被加热到可随意弯曲时，立即将管子放在木板上，固定管子一头，逐步煨出所需管弯度，并用湿布抹擦使弯曲部位冷动定型，然后抽出弯簧。

## 3 PVC管路连接用胶

连接可以用小刷子粘上配套的塑料管黏结剂，均匀地涂抹在管子的外壁上，然后将管体插入套箍，到达合适的位置。操作时，需要注意黏结剂连接后1分钟内不要移动，牢固后才能移动。管路成垂直或水平敷设时，每间隔1m距离时应设置一个固定点。

---

**TIPS：**
**管路加工容易忽视的部分**

管线弯曲时，半径不能小于管径的6倍距离；如果一段管路的长度不够时，使用直接用胶粘的方式将两段管路连接起来，不能使用其他不符合规范的方法接管。

# 走线、连线和电线加工

①进户线应使用10mm²的铜芯线，电线的颜色应选择三种，上方接地线、左侧接中性线、右侧接相线。

②一个线管内的导线根数有要求，应严格按要求执行，强电、弱电不能在同一根管路中。

③暗盒中的导线应留至少150mm的线头，接头搭接要牢固，并用绝缘胶布包裹牢固。

④导线全部布置完成后，应通电进行测试。

⑤在施工过程中，导线经常需要加工，加工导线需要先学会剥除导线的绝缘层，用美工刀或者电工剥线钳按照要求操作即可。

⑥不同的导线有不同的加工方式，包括单芯铜导线连接、多芯铜导线连接以及单芯与多芯铜导线连接等，在导线连接完成后，还应恢复绝缘层。

## 电线加工要注意安全

在布置管线的同时，就可以开始将电线穿管，电线穿管和加工同样有讲究，这是关系到用电安全的重要一步。如果电线处理得不好，很容易留下隐患，最重要的一点是一根管路只能在暗盒中留线头，中间任何部位都不能有线头，一路套管中通常会有多根电线，如果线头在一起，时间长了胶布很容易粘连而发生短路等事故。而暗盒外面预留的导线头，应该用绝缘胶布按要求包扎起来。

▲电线的处理应符合规范，才能保证用电的安全性，预留的导线头一定要按要求包扎起来。

## 一学就会的走线、连线技巧

水电改造基础知识

水电材料全知道

学会识图看图

水路施工全知道

**电路施工全知道**

Chapter 5

### 1 电线颜色按照相线选择

按国标要求，进户线为10mm²。电线颜色应正确选择，三线制必须用三种不同颜色的电线。一般红、黄、蓝三色为相线色标。绿色、白色为中性线色标，黑色、黄绿彩线为接地色标。

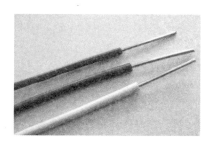

### 2 一根管内的电线数量有要求

同一回路电线需要穿入同一根线管中，但管内总电线数量不宜超过8根，一般情况下Φ16的电线管不宜超过3根电线，Φ20的电线管不宜超过4根电线。电线总截面面积（包括外皮），不应超过管内截面面积的40%。

### 3 盒内留150mm接头

强电与弱电不应穿入同一根管线内。电源线插座与电视线插座的水平间距应不小于 500mm。穿入管内的导线接头应设在接线盒中，线头要留有150mm的余量，接头搭接要牢固，用绝缘带包缠，要均匀紧密。

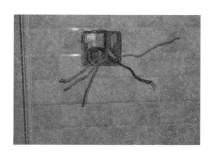

### 4 线管内不能有接头

在连接电源插座的电线时，面向插座的方向，左侧应接中性线，右侧应接相线，中间上方应接接地线。所有导线安装必须穿入相应的PVC管中，且在管内的线不能有接头。

### 5 导线到位后应通电测试

空调、浴霸、电热水器、冰箱的线路需从强电箱中单独引放到位置上。所有预埋导线留在接线盒中的长度为150mm。在所有导线分布到位后，确认无误后可通电测试。

### 6 管内穿线先放引线

在线管内事先穿入引线，之后将待装电线引入线管之中。引线根据线管的粗细选择18号直径1.2mm或16号直径1.6mm的钢丝，将端头弯成小钩插入管口，边转边穿。

### 7 弯管处可采用两头对穿法

若弯管处不易穿引，可采取两头对穿的方法（一人转动一根钢丝，感觉两钢丝相碰时则反向转动，待铰合一起，则一拉一送，即可穿过）。利用引线可将穿入管中的导线带出，若管中的导线数量为2~5根，应一次穿入。

### 8 连接进户线应有专业电工操作

连接进户线应由专业电工操作，不应由家装电工操作。安装进户线时，要合理选择进户点，使其尽量接近供电线路，且位置应明显、便于维护和检修。

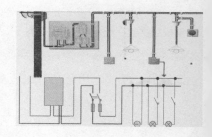

### 9 进户线中间不能有接头

进户线的长度不应超过15m，中间不应有接头。计费方式不同的进户线不应穿入同一根管内，当电能表装有互感器时，也可在互感器外套接。

水电改造基础知识

水电材料全知道

学会识图看图

水路施工全知道

电路施工全知道

Chapter 5

# (10) 进户线穿墙需套管

进户线穿墙时，应套上保护套管（瓷管、硬塑料管等），并应防止相间短路或对地短路；绝缘套管露出墙外部分不应小于10mm，其外端应有防水弯头；进户线与接户线连接时，多股线应做成"倒人字"接法。

## 连线先学会剥除导线绝缘层

处理电线是施工人员在连线中最常遇到的步骤，要想连线，首先要剥除电线的绝缘层，即外皮。线芯大于等于4mm²的塑铜线绝缘层可以用美工刀或者电工刀来剥除，线芯在6mm²的塑铜线绝缘层可以用剥线钳来剥除。具体操作方式如下。

(1)剥除导线绝缘层时首先根据所需的端头长度，用刀具以45°左右的角度倾斜切入绝缘层，然后用左手拇指推动刀具的外壳，即美工刀以15°左右的角度均匀用力向端头推进。

(2)一直推到末端，为了防止意外，可以用左手大拇指按住已经翘起的那部分，这样可以让余下的部分顺利地切除下来。

(3)再削去一部分塑料层，并把剩余的部分下翻。最后用刀具将下翻的部分连根切除，露出线芯。

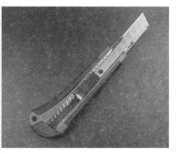

美工刀

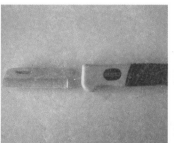

电工刀

剥线钳

握刀姿势。

刀具与导线成45°角。

以15°角推动。

在根部切除。

剥除绝缘层的方法

# 一看就懂的不同导线连接方法

## 1 单芯铜导线连接方法

### 绞接法

此方法适用于4mm²及以下的单芯连接。操作时将两线互相交叉，用双手同时把两芯线互绞三圈后，将两个线芯在另一个芯线上缠绕5圈，剪掉余头，压紧导线。

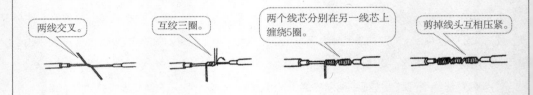

两线交叉。　　互绞三圈。　　两个线芯分别在另一线芯上缠绕5圈。　　剪掉线头互相压紧。

### 缠绕卷法——直接连接法（同芯）

将要连接的两根导线接头对接，中间填入一根同直径的芯线，然后用绑线（直径为1.6mm²左右的裸铜线）在并合部位中间向两端缠绕，其长度为导线直径10倍，然后将添加芯线的两端折回，将铜线两段继续向外单独缠绕5圈，将余线剪掉。

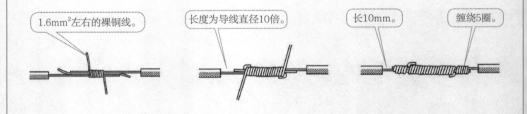

1.6mm²左右的裸铜线。　　长度为导线直径10倍　　长10mm。　　缠绕5圈。

### 缠绕卷法——直接连接法（异芯）

当连接的两根导线直径不相同时，现将细导线的线芯在粗导线的线芯上缠绕5～6圈，然后将粗导线的线芯的线头回折，压在缠绕层上，再用细导线的线芯在上面继续缠绕3～4圈，剪去多余线头即可。

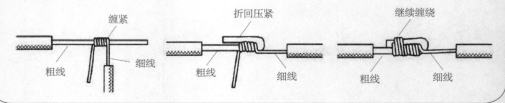

缠紧　　折回压紧　　继续缠绕
粗线　　细线　　粗线　　细线　　粗线　　细线

### 缠绕卷法——分接连接法（T字连接法）

先将支路芯线的线头在干路芯线上打一个环绕结，再紧密缠绕5～8圈后剪去多余线头即可（适用于截面面积小于4mm²及以下的导线）。将支路芯线的线头紧密缠绕在干路芯线上5～8圈后，步骤同直接连接法相同，最后剪去多余线头即可（适用于截面面积小于6mm²及以上的导线）。

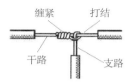 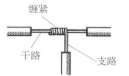

### 缠绕卷法——分接连接法（十字连接法）

将上下支路的线芯缠绕在干路芯线上5～8圈后剪去多余线头即可。支路线芯可以向一个方向缠绕也可向两个方向缠绕。

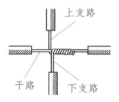 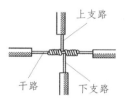

### 单芯铜导线接线圈的制作方法

采用平压式接线桩方法时，需要用螺钉加垫圈将线头压紧完成电连接。家装用的单芯铜导线相对而言载流量小，有的需要将线头做成线圈。将绝缘层剥除，距离绝缘层根部3mm处向外侧折角，然后按照略大于螺丝钉直径的长度弯曲圆弧，再将多余的线芯减掉，修正圆弧即可。

距离绝缘层3mm处开始向内弯折。

略大于螺钉直径弯曲圆弧。

去掉多余线芯，修正圆弧弧度。

## ② 多股铜导线连接方法

### 单卷接线法——直线连接法

(1)把多股导线顺次解开成30°伞状，用钳子逐个把每一股电线芯拉直，并用砂布将导线表面擦干净。

(2)把多股导线线芯顺次解开，并剪去中心一股，再将各张开的线端相互插嵌，插到每股线的中心完全接触。

(3)把张开的各线端合拢，取任意两股同时缠绕5～6圈后，另换两股缠绕，把原有两股压在里当或把余线割掉，再缠至5～6圈后，采用同样方法，调换两股缠绕。

(4)以此类推，缠到边线的解开点为止，选择二股缠线互相扭绞3～4转，余线剪掉，余留部分用钳子敲平，使其各线紧密，再用同样方法连接另一端。

剪去中线一股，线段互相插嵌。

任意两股同时缠绕5～6圈，后更换两股重复缠绕。

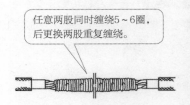

### 单卷接线法——分支连接法

(1)把多股导线顺次解开成30°伞状，用钳子逐个把每一股电线芯拉直，并用砂布将导线表面擦干净。

(2)先将分支线端解开，拉直擦净分为两股，各曲折90°，附在干线上。一边用另备的短线作临时绑扎，另一边在各单线线端中任意取出一股，用钳子在干线上紧密缠绕5圈，余线压在里当或割去。

(3)调换一根，用同样方法缠绕3圈，以此类推，缠至距离干线绝缘层15mm处为止，再用同样方法缠另一端。

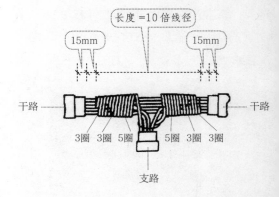

水电改造基础知识

水电材料全知道

学会识图看图

水路施工全知道

Chapter 5

电路施工全知道

## 缠绕卷法——直接连接法

(1)将剥去绝缘层的导线拉直，在其靠近绝缘层的一端约1/3处绞合拧紧，将剩余2/3的线芯摆成伞状，另一根需连接的导线也如此处理。

(2)接着将两部分伞状对着互相插入，捏平线芯，然后将每一边的线芯分成三组，现将一边的第一组线头翘起并紧密缠绕在芯线上。

(3)再将第二组线头翘起，缠绕在芯线上，依次操作第三组。

(4)以同样的方式缠绕另一边的线头，之后剪去多余线头，并将连接处敲紧。

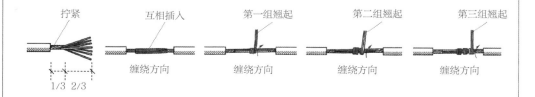

## 缠绕卷法——T字分支连接法1

多股铜导线的T字分支连接有两种方法：一种方法将支路芯线90°折弯后与干路芯线并行，然后将线头折回并紧密缠绕在芯线上即可。

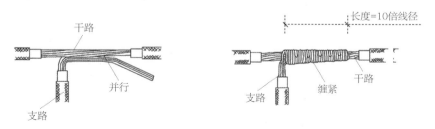

## 缠绕卷法——T字分支连接法2

另一种方法将支路芯线靠近绝缘层的约1/8芯线绞合拧紧，其余7/8芯线分为两组：一组插入干路芯线当中，另一组放在干路芯线前面，并朝右边方向缠绕 4～5圈。再将插入干路芯线当中的那一组朝左边方向缠绕4～5圈，连接好导线。

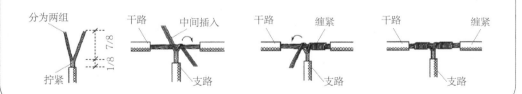

## ③ 单股导线与多股导线的连接方法

先将多股导线的线芯拧成一股，再将它紧密地缠绕在单股导线的线芯上，缠绕5～8圈，最后将单芯导线的线头部分向后折回即可。

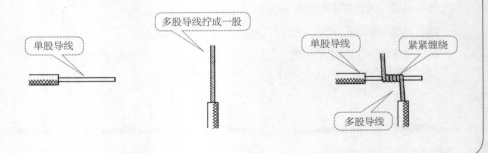

## ④ 同一方向的导线连接

连接同一方向的单股导线，可以将其中一根导线的线芯紧密地缠绕在其他导线的线芯上，再将其他导线的线芯头部回折压紧即可。

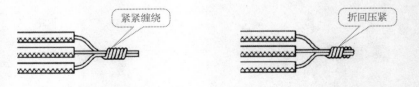

## ⑤ 连接同一方向的多股导线

(1)连接同一方向的多股导线，可以将两根导线的线芯交叉，然后绞合拧紧。

(2)连接同一方向的单股和多股导线，可以将多股导线的线芯紧密地缠绕在单股导线上，再将单股导线的端头部分折回压紧即可。

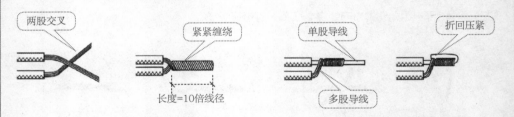

同一方向多股导线连接图示　　　　　　　同一方向单股和多股导线连接图示

水电改造基础知识

水电材料全知道

学会识图看图

水路施工全知道

电路施工全知道

Chapter 5

# 6 多芯或多芯电缆的连接

连接双芯护套线、三芯护套线及多芯电缆时可使用绞接法，应注意将各芯的连接点错开，可以防止短路或漏电。

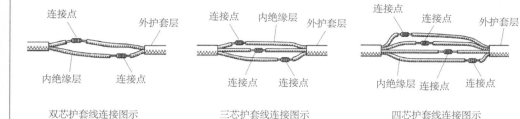

双芯护套线连接图示　　　三芯护套线连接图示　　　四芯护套线连接图示

# 7 导线出线端子的装接方法

导线两端与电气设备的连接叫作导线出线端子装接。

(1)针孔式接线桩头装接：将导线线头插入针孔，旋紧螺钉即可。

(2)针孔式接线桩头装接（细导线）：将导线头部向回弯折成两根，再插入针孔，旋紧螺钉即可。

(3)10mm²单股导线装接：一般采用直接，将导线端部弯成圆圈，将完成圈的线圈压在螺钉的垫圈下，拧紧螺钉即可。

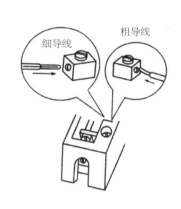

针孔式接线桩头装接图示

(4)软线的装接：将软线绕螺钉一周后再自绕一圈，再将线头压入螺钉的垫圈下，拧紧螺钉。

(5)多股导线装接：横截面不超过10mm²、股数为7股及以下的多股芯线，应将线头做成线圈，后压在螺钉的垫圈下，拧紧螺钉。

(6)10mm²以上的多股铜线或铝线的装接：铜接线端子装接，可采用锡焊或压接，铝接线端子装接一般采用冷压接。

7股及以下多股线芯线圈制作图示

# 8 导线绝缘层的恢复

## 一字形导线接头的绝缘处理

(1)先包缠一层黄蜡带，再包缠一层黑胶布带。

(2)将黄蜡带从接头左边绝缘完好的绝缘层上开始包缠，包缠两圈后进入剥除了绝缘层的芯线部分包缠时黄蜡带应与导线成55°左右倾斜角，每圈压叠带宽的1/2，直至包缠到接头右边两圈距离的完好绝缘层处。

(3)然后将黑胶布带接在黄蜡带的尾端，按另一斜叠方向从右向左包缠，仍每圈压叠带宽的1/2，直至将黄蜡带完全包缠住。

(4)注意应用力拉紧胶带，不可稀疏，不能露出芯线，以确保绝缘质量和用电安全。

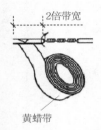

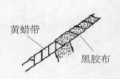

## T字分支接头的绝缘处理

导线分支接头的绝缘处理基本方法同上，T字分支接头的包缠方向，走一个T字形的来回，使每根导线上都包缠两层绝缘胶带，每根导线都应包缠到完好绝缘层的两倍胶带宽度处。

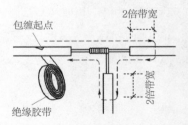

## 十字分支接头的绝缘处理

对导线的十字分支接头进行绝缘处理时，走一个十字形的来回，使每根导线上都包缠两层绝缘胶带，每根导线也都应包缠到完好绝缘层的两倍胶带宽度处。

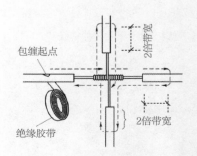

# 电路改造电线用量的估算

水电改造基础知识

水电材料全知道

学会识图看图

水路施工全知道

Chapter 5

电路施工全知道

水电

①对家居电路改造所使用的电线数量进行估算，能够避免材料的浪费，如果是外包工，还能够更好地控制成本和监工。

②估算电线用量，需要先测量门口到家居中各个房间最远的距离，而后记下数值，再分别记下每个空间中所用的灯具、开关插座以及大功率电器的数量，而后根据公式计算即可得到所用电线的数量。

## 家庭装修电路改造的电线用量估算

购买电线之前，如果能够对数量做到心中有数，就能够避免浪费，在开槽、布管比较正规的情况下，可以采用这种方式来估算。

首先，确定从门口到家居各个空间中最远位置的距离，包括客厅（7m）、餐厅（4m）、主卧室（12m）、书房（12m）、儿童房（15m）、卫浴间（8m）、厨房（4m）、阳台（6m）、走廊（4m）等空间，确定各个空间中灯具的数量（其中每个空间中的同一种灯具计数为1）、各功能区插座数量和各功能区大功率电器数量。

假设客厅的灯具为5、餐厅的灯具为3、主卧室的灯具为4、书房的灯具为3、儿童房的灯具为2、卫浴间的灯具为3、厨房的灯具为2、阳台的灯具为1、走廊的灯具为2。

## $1.5mm^2$电线用量（m）的计算

| 客厅 | （7+5）m×主灯数5=60（m） | 卫浴间 | （8+5）m×主灯数3=39（m） |
|---|---|---|---|
| 餐厅 | （4+5）m×主灯数3=27（m） | 厨房 | （4+5）m×主灯数2=18（m） |
| 主卧室 | （12+5）m×主灯数4=68（m） | 阳台 | （6+5）m×主灯数1=11（m） |
| 书房 | （12+5）m×主灯数3=51（m） | 走廊 | （4+5）m×主灯数2=18（m） |
| 儿童房 | （15+5）m×主灯数2=40（m） | 电线用量 | 所有数值相加×2=664（m） |

假设客厅的插座为8、餐厅的插座为4、主卧室的插座为4、书房的插座为4、儿童房的插座为3、卫浴间的插座为3、厨房的插座为8、阳台的插座为2、走廊的插座为2。

| 2.5mm²电线用量（m）的计算 | | | |
|---|---|---|---|
| 客厅 | （7+2）m×插座数8=72（m） | 卫浴间 | （8+2）m×插座数3=30（m） |
| 餐厅 | （4+2）m×插座数4=24（m） | 厨房 | （4+2）m×插座数8=48（m） |
| 主卧室 | （12+2）m×插座数4=56（m） | 阳台 | （6+2）m×插座数2=16（m） |
| 书房 | （12+2）m×插座数4=56（m） | 走廊 | （4+2）m×插座数2=12（m） |
| 儿童房 | （15+2）m×插座数3=51（m） | 电线用量 | 所有数值相加×3=1095（m） |

假设客厅的大功率电器为1、餐厅的大功率电器为0、主卧室的大功率电器为0、书房的大功率电器为0、儿童房的大功率电器为0、卫浴间的大功率电器为2、厨房的大功率电器为1、阳台的大功率电器为0、走廊的大功率电器为0。

| 4mm²电线用量（m）的计算 | | | |
|---|---|---|---|
| 客厅 | （7+4）m×电器数1=11（m） | 卫浴间 | （8+3）m×电器数2=22（m） |
| 餐厅 | （4+3）m×电器数0=0（m） | 厨房 | （4+3）m×电器数1=7（m） |
| 主卧室 | （12+4）m×电器数0=0（m） | 阳台 | （6+2）m×电器数0=0（m） |
| 书房 | （12+4）m×电器数0=0（m） | 走廊 | （4+2）m×电器数0=0（m） |
| 儿童房 | （15+4）m×电器数0=0（m） | 电线用量 | 所有数值相加×3=120（m） |

由上列数值可以看出，需要1.5mm²电线数量为664m，2.5mm²电线数量为1095m，4mm²电线数量为120m。

# 稳埋暗盒及配电箱

①暗盒和电箱首先要根据设计图在墙上定位，然后用电锤等工具剔除洞口，洞口尺寸要比暗盒和电箱的外围稍大一些。

②洞口剔除完成后，整理干净，将暗盒和电箱埋进去，用水泥封口。

③埋好暗盒和电箱后，就可以将电线接入其中。

④盒、箱的埋设应平正、牢固，没有歪斜现象，发浆饱满，收口平整。纵横坐标准确，符合设计图和施工验收规范规定。

 一学就会的暗盒、配电箱稳埋技巧

## 1 埋盒箱剔洞的方法

根据设计图规定的盒、箱预留具体位置，弹出水平、垂直线，利用电锤、錾子剔洞，洞口要比盒、箱的尺寸稍大一些。盒、箱的连接管要预留300mm的长度，以进入盒、箱中。

## 2 给水管道冲洗后再连接水管

洞剔好后，把杂物清理干净，浇水把洞淋湿，再根据管路的走向，敲掉盒子上相应方向的孔，用高强度的水泥砂浆填入洞口，将盒、箱稳住，位置要端正，水泥砂浆凝固后，再接管路进盒、箱内。

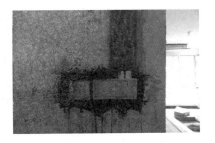

# 开关、插座的连接与检测

①安装开关插座之前，先将暗盒中的垃圾清理出来，连同导线一起，擦拭干净。

②将预留的导线头剥除绝缘皮，露出线芯就可以开始连接面板了，多余的部分要团成团放到暗盒中，再将面板固定在暗盒上。

③同一个空间中的开关高度应一致，且翘板开关的开、关方向也应该一致。安装完毕后，按照检测要求进行检测。

④同一个室内的三项插座，相线的接线顺序应完全一致；潮湿场所应安装防溅水插座；地面插座保护盖应牢固。插座安装完成后，同样需要按要求进行检测，合格后方可使用。

⑤带有开关的插座，使用起来非常方便，需要将开关控制键和插座连接起来。

## 安装完毕别忘记检测

开关、插座的连接过程可以总结为：预埋→敷设线路→清理→接线→检测→安装面板。安装的高度、强弱电插座之间的距离、安装完毕后的检测是开关、插座安装的重点。如果施工人员工作不认真，很可能会出现接错相线的情况，使用前一定要通电检测，避免造成不必要的损失，在接线盒安装过程中按照规范安装开关和插座是必要的。

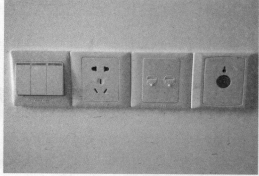

▲连接插座的电线时，一定要注意电线的相线；相连的开关插座，高度应相同，相差不能超过5mm。

## 一学就会的开关、插座安装技巧

**1 预埋和敷设**

按照稳埋盒箱的正确方式将线盒预埋到位。管线按照布管与走线的正确方式敷设到位。用錾子轻轻地将盒内残存的灰块剔掉，同时将其他杂物一并清出盒外，再用湿布将盒内灰尘擦净，如导线上有污物也应一起清理干净。

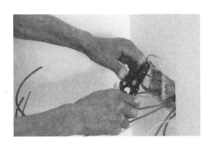

**2 接线**

先将盒内甩出的导线留出15~20cm左右的维修长度，削去绝缘层，注意不要碰伤线芯，如开关、插座内为接线柱，将导线按顺时针方向盘绕在开关、插座对应的接线柱上，然后旋紧压头。

**3 插接端子的处理方法**

如开关、插座内为插接端子，将线芯折回头插入圆孔接线端子内(孔径允许压双线时)，再用顶丝将其压紧，注意线芯不得外露。

**4 不能套压其他支路**

为了保证安全和使用功能，在配电回路中的各种导线连接，均不得在开关、插座的端子处以套接压线方式连接其他支路。

水电改造基础知识

水电材料全知道

学会识图看图

水路施工全知道

电路施工全知道

Chapter 5

## 5 线盒高度应一致

线盒预埋尺寸应正确，不宜太深或高低不一。盒内应清理干净，不应留有水泥砂浆等杂物。一个底盒内不应装太多电线，会影响安装和使用安全。强、弱电线不能共用一个底盒。

## 6 明盒、暗盒不能混装

电线应按照相应的相线将颜色分开。底盒内的封端连接要用绝缘胶布包扎起来。明盒、暗盒不能混装。电线管应插入底盒内，线管与底盒之间应用锁扣连接。底盒穿入的每根电线管内的电线数量不宜超过3根。

# 一看就懂的开关、插座安装及检测

## 1 开关的安装

### 开关的安装要求

安装在同一房间中的开关,宜采用同一系列的产品，且翘板开关的开、关方向应一致。同一室内开关、插座的水平位置应一致。窗上方、吊柜上方、管道背后、单扇门后均不应安装控制灯具的开关。

### 开关的安装步骤

接线时，应将盒内导线理顺，依次接线后，将盒内导线盘成圆圈，放置于开关盒内。在接好电源线后，将开关插座放置到安装位置，用水平尺找正，然后用螺丝钉固定，最后盖上装饰面板。

水电改造基础知识

水电材料全知道

学会识图看图

水路施工全知道

电路施工全知道

Chapter 5

## 2 开关的检测

### 电阻检测

用万用表电阻挡检测开关面板接线端的相线端头、中性线端头。开关关闭时电阻应显示为0，打开时，显示为∞，如果恒显示为0或者∞说明连接异常。

### 手感和外表检测

开关手感应轻巧、柔和没有滞涩感，声音清脆，打开、关闭应一次到位；面板表面应完好，没有任何破损、残缺，没有气泡、飞边以及变形、划伤。

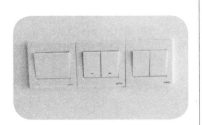

## 3 插座的安装

### 开关的安装要求

(1)同一室内的强、弱电插座面板应在同一水平高度上，差距应小于5mm。

(2)同一室内的三相插座，接线顺序要一致。

(3)安装的插座面板应紧贴墙面，四周没有缝隙，安装牢固，表面光滑整洁、没有裂痕、划伤，装饰帽齐全。

(4)一般情况下，底线（PE）或保护中性线（PEN）在插座间不能有串联。

(5)在潮湿场所，应采用密封良好的防水防溅插座，高度不能低于1500mm。

(6)儿童房不采用安全插座时，插座的安装高度不应低于1800mm。

(7)落地插座应具有牢固可靠的保护盖板。

(8)落地插座面板与地面齐平或紧贴地面，面板安装牢固、密封性好。

### 插座的安装步骤

　　单相两孔插座有横装和竖装两种装法。横装时，面对插座的右极接相线，左极接零线。竖装时，面对插座的上极接相线，下极接零线。单相三孔及三相四孔的接地或接零线均应在上方。

## ④ 插座的检测

### 电阻检测

　　用万用表检测，插座的相线、中性线、地线之间正常应均不通，即万用表检测时显示为∞，如果显示异常则为出现了短路，不能够安装。

### 相线检测

　　而检验是否接线正确可以使用插座检测仪，通过观察验电器上N、PE、L三盏灯的亮灯情况，判断插座是否能正常通电。

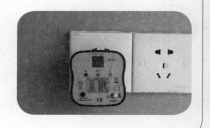

## ⑤ 安装带开关的插座

　　有一些插座的面板上同时带有开关，可以通过开关来控制插座电路的通断。例如，洗衣机插座，采用此种类型，不使用时可以直接关闭开关来断电，不需要拔下插头。但面板上的插座和开关是独立的，为了实现用开关控制插座，需要连接。

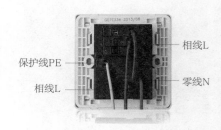

保护线PE ——

相线L ——

—— 相线L

—— 零线N

# 管路敷设及盒箱安装允许偏差

**水电快照**

①在实际的管路敷设和安装暗盒、电箱的过程中，完全符合尺寸要求的情况可能不多，但不能超出太多，这个允许误差有一定的数值可以参考，超出数值就表明施工质量不合格。

②例如，要求PVC套管弯管时半径应为6倍管径，但允许偏差可稍大于这个数值一点。

③配电箱的高度数值上允许偏差是5mm，并列安装的暗盒，高度允许偏差为0.5mm等。

## 管路敷设及盒箱安装允许偏差值

| 项目 | 允许偏差 | 检验方法 |
|---|---|---|
| 管路最小弯曲半径 | ≥6D（D为管外径） | 尺量或检查安装记录 |
| 弯扁度 | ≤0.1D（D为管外径） | 观察 |
| 电箱垂直度 | 1.5mm（高度500mm以下） | 吊线、尺量检查 |
| | 3mm（高度500mm以上） | 吊线、尺量检查 |
| 电箱高度 | 5mm | 尺量检查 |
| 暗盒垂直度 | 1mm | 吊线、尺量检查 |
| 暗盒高度 | 0.5mm（并列安装） | 尺量检查 |
| | 5mm（同一空间） | 尺量检查 |
| 暗盒、电箱凹进墙面深度 | 10mm | 尺量检查 |

# 安装强电配电箱与断路保护器

**水电快照**

①强电配电箱的安装步骤为：定位、剔洞、埋箱、辐射管线、安装断路器、接线、检测及封盖。

②不论是安装明装箱还是暗装箱都要按照规范操作，电箱及断路器的质量不仅要合格，还应挑选品质有保证的品牌，严格按照额定电流配断路器。

③购买强电配电箱应根据家中回路的数量来选择尺寸，箱体的最佳材料是金属材料，包括导轨和螺钉在内，所有的材料要求坚固、耐用。

④如果家中有单独的儿童房，可以将这一回路单独控制，平时关闭插座，以保证儿童的安全。

⑤厨房、卫生间经常接触水，比较潮湿，建议安装带有漏电保护器的断路器，在电器发生漏电时，能够及时地跳闸，避免触电。

## 严格挑选电箱及断路器保证质量

强电配电箱按照安装的方式可分为明装箱和暗装箱两种，按照线路敷设方式选择相应的款式即可，通常进行电路改造的居室，都需要安装配电箱。在进行安装之前，首先应严格地挑选电箱及断路器，购买高质量的产品，之后可以进入安装程序。强电箱的安装步骤为：定位画线→剔洞→埋箱→敷设管线→安装断路器→接线→检测→封盖。

▲左图为明装强电配电箱，右图为暗装强电配电箱。除了特别老旧的房子外，新房改造都会使用暗装强电配电箱，较美观。

# 一看就懂的强电箱安装步骤

水电改造基础知识

水电材料全知道

学会识图看图

水路施工全知道

**电路施工全知道**

Chapter 5

## 1 强电箱的挑选

根据家中控制回路空气开关的数量选择配电箱的尺寸，材质宜选择金属材料。导轨采用标准35mm导轨，材料要坚固耐用。零线排、接地排采用铜合金材料，不易腐蚀生锈。连接螺钉不易打毛，不易腐蚀生锈，通电测试不易发黑。外壳塑料或金属盖均要求牢固、结实。

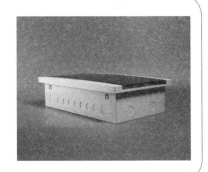

## 2 断路器的挑选

断路器手感应沉重，开关开合没有滞涩感，开关有明显的开合标志；连接螺钉不易打毛、不易腐蚀生锈，接线紧固后不易松动的断路器才是质量上乘的产品。

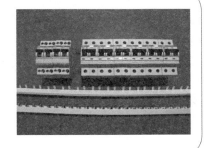

## 3 配电箱的安装

稳强电电箱向后，将线路引进电箱内，安装断路器并接通各个支路的电线。检测电路，安装面板，并标明每个回路的名称。

## TIPS：
### 空气开关按照额定电流配

一般施工人员会要求业主将空气开关买得大一些，如20A、25A和32A，原因是一些质量差的空气开关电流达不到，16A的空调用16A的会跳闸和发热烧坏。建议严格挑选空气开关，并严格按额定电流来配，16A就用16A的，虚高的情况下保护不了电器。

## 断路器应按照规范连接

　　强电箱内的主要部分为断路器，通常电箱会带有安装说明，在进行接线时应严格按照说明或者安装规范来操作，断路器应垂直安装，垂直角度误差不能超过5°。总空气开关为2P，同时接相线和中心线；支路开关为1P，只接相线不接中性线。断路器连线不允许倒进线，否则容易导致短路。接到断路器后余下的电线应成组盘好，用捆线绳固定。

除有特殊要求外，断路器应垂直安装，倾斜角度不能超过±5°。

1P：相线进入断路器，只对相线进行接通及切断，中性线不进入断路器，一直处于接通状态。
DNP：双进双出断路器，相线和中性线同时接通或切断，安全性更高。

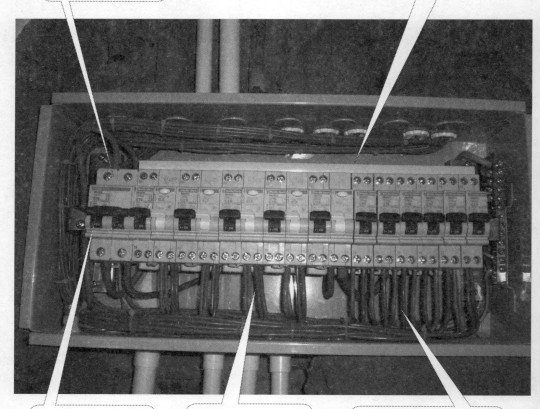

2P（总空气开关）：双进双出断路器，相线和中性线同时接通或切断。

断路器接线，应按照配电箱说明严格进行，不允许倒进线，否则会影响保护功能，导致短路。

家用强电箱中的导线，截面面积需按照电器元件的额定电流来选择。如果选择铜导线，一般选择多股软铜导线。

**一学就会的电箱及断路器安装技巧**

## 1 电箱内应分几路控制

配电箱内应设置动作电流保护器（30mA），分为几路经过控制开关，分别控制照明回路、插座回路，如果面积较大，还需要细分。如果有特殊需要，还可以将卫生间和厨房设置成单独的回路控制。

## 2 儿童房可单独控制

如果有独立的儿童房，可以将其回路单独控制，平时将插座回路关闭保证安全。配电箱的总开关若使用不带漏电保护功能的开关，就要选择能够同时分断相线、中性线的2P开关，若夏天要使用制冷设备，宜选择大一些的。

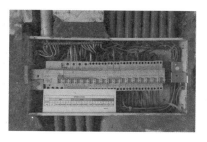

## 3 常用设备的最大电流

控制开关的工作电流应与所控制回路的最大工作电流相匹配，照明10A，插座16～20A，1.5P的壁挂空调为20A，3～5P的柜机空调25～32A，10P中央空调独立2P的40A，卫生间、厨房25A。

## 4 潮湿房间要装漏电保护器

卫生间、厨房等潮湿的空间，开关一定要选择带有漏电保护的，一旦发生漏电的情况，空气开关就会自动断开，以保证人身安全。

# 家用电表的安装

① 家用电表为单相电表，一般情况下额定电流不建议超过10A，如果购买超过10A的电表，就达不到计量准确的目的。

② 电表应尽量安装在不易受到震动的墙面上，距离地面距离在1.7~2m，安装的空间应整洁、干燥，没有磁场干扰。

③ 在安装完毕后，应及时通电检查，若有不转、反转的现象，一一进行排查，找出故障原因，此类情况多为接线错误造成的，修正后方可使用。

④ 有一些错误在刚安装好以后，可能不会马上体现出来，新安装的电表建议在使用一段时间后，进行一下计算核对，看计量数字是否准确。

## 一般家庭用电表额定电流不宜大于10A

一只10A的电表要有0.05~0.1A的电流通过时才开始转动，在220V的线路上其功率相当于12~24W。电表在开始转动的时候，由于原动力矩与机械阻力相差不大，电表的准确度是不高的。一只10A的电表只能在负载为110~2200W时，才能达到计量准确的目的。目前一般家庭的用电瓦数均不超过这个范围，如果电表的铭牌电流超过10A时，就达不到计量标准的目的。

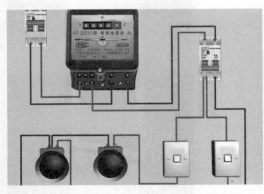

▲家用电表为单相电表，建议不大于10A，接线较为简单，按照接线说明操作即可。

**一学就会的家用电表安装技巧**

## ① 安装场所有要求

电表应安装在不易受震动影响的墙上或开关板上，距离地面应在1.7~2m；装电表的地方应整洁、干燥、无强磁场，并尽量设在明显的地方以便读数和监视；电表应垂直安装，容许偏差不超过2°。

## ② 安装出现问题的解决办法

安装完成后通电检查电表是否工作正常。如有不转、反转和误差过大等现象，应予以排除。造成这些故障的原因，大多数是接线错误；造成反转的原因，除接反外，也可能是负载失常。

## ③ 使用一段时间后应进行核对

电表在投入使用一段时间后应进行计算核对。有时接线虽然错误，但从电能表的运行状态上很难观察出来，这就要根据负载的功率、功率因数和工作时间进行计算，将计算结果与电表读数进行对比，以便确认电表的可靠运行。

> **TIPS：**
> **电路常用单位解释**
>
> 安培，是国际单位制中表示电流的基本单位，简称安，符号A，比安培小的电流可以用毫安（mA）、微安（μA）等单位表示；瓦是国际单位制的功率单位，它定义是1焦耳/秒（1J/s），即每秒转换、使用或耗散的能量的速率，符号W。

# 安装弱电配电箱

① 安装弱电箱能够将家居中所有的信号线集中控制，统一进行分配，将强电和弱电分开，避免强电旋涡对弱电信号产生的影响，使信号质量更好。

② 挑选弱电箱可以结合审美、外观质量、材料、基本结构等诸多因素来选择适合自家的款式。

③ 在选择弱电箱时，尺寸上要特别注意，根据现有的需求，扩容40%左右为以后加入新的信号线预留足够的空间，避免因为容积不够而更换箱体的麻烦。

④ 弱电箱的安装可以总结为：画线、剔洞、埋箱、敷设管线、制作压头、接线测试、安装模块、安装面板等几个步骤。

⑤ 安装弱电箱有一些尺寸要求，应按照要求操作。

## 弱电箱的作用

　　家居弱电箱又可称为多媒体信息箱，它的功能是将电话线、电视线、宽带线集中在一起，然后统一分配，提供高效的信息交换与分配。

　　弱电箱中设有电话分支、电脑路由器、电视分支器、电源插座、安防接线模块等。不同品牌的弱电箱构造会存在一些差异，可以根据需求进行具体的挑选。

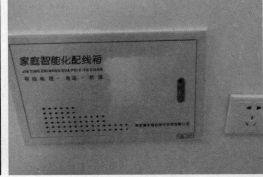

▲弱电箱内的模块可以自由组合，根据需求进行选择。将所有信号集合起来控制，方便维修。

# 一看就懂的弱电箱安装步骤

## ① 弱电箱的挑选

如果对审美有要求，外表宜选择符合整体风格的颜色、款式等，同时注意细节部分的处理；弱电箱长期埋在墙内起到保护信号的作用，箱体建议尽量选用1.2mm厚的冷轧钢板；挑选基本结构是否符合家中的需求；尽量选择比现在的需求再大一些的箱体。

## ② 模块的挑选

各种不同应用线路分别集成在不同的模块，而这些模块都是以同样的规格尺寸用螺钉就可以固定在箱体固定位置，结构化设置，统一美观易于管理。选择时，可以根据自家的需要选用不同的模块进行组合。

## ③ 安装弱电箱的步骤

弱电箱的安装步骤可以总结为：画线→剔洞→埋箱→敷设管线→压制插头→埋线、测试→安装模块条→安装面板。根据预装高度与宽度定位画线。用工具剔出洞口、埋箱，敷设管线。根据线路的不同用处压制相应的插头。测试线路是否畅通。安装模块条、安装面板。

---

## TIPS：
### 安装弱电箱应该知道的尺寸

信息线缆在进箱后应预留300mm；综合信息接入箱宜采用暗装式低位安装，箱体底边距离地面不应小于300mm。

**一看就懂的安装弱电箱的好处**

## 1 信号更稳定、维修更方便

安装弱电箱能够将强、弱电分开，强电电线产生的涡流感应不会影响到弱电信号，弱电信号更稳定，总线控制的方式更安全、可靠。功能模块将输入、输出分开，清晰明了，维修更方便。

## 2 更美观、更方便

将杂乱的弱电信号线集中控制，使家庭更美观。能够轻松地实现资源共享，只需一台影碟机／音响／卫星接收机，你就可以在每一个房间观看电影、享受背景音乐。多台电脑联网共享宽带服务；多路电话任意接听、转接。

## 3 扩展性强

内部的模块可以随意组合，满足不同的使用需求，选择比现在需求大 40% 左右的箱体，能够为扩容做准备，当有新类型的弱电信号进户时，只需将它接入到智能多媒体箱中，不必拉明线或重新开槽布线，更方便于对弱电布线的自主管理。

## 4 性价比高

随着科技的不断发展，信号线不断地增加，安装弱电箱能够用极少的花费省去日后诸多麻烦，从长远角度讲，是一件性价比非常高的项目。

# 电视信号的连接

①家里的有线电视信号分支，采用的是有线电视分配器，分配器的几路信号强弱相同，适合家里几台电视同时分享信号源。

②有线电视分配器的安装方式分为螺旋式F头和冷压头两种方式。

③电视插座的连接需要先处理信号线，将外皮去掉，小心地将金属网回折，去掉内芯露出线芯，将线芯插入到插座的连接部分，固定在暗盒上，扣紧面板即可。

④了解有线电视系统，能够更透彻地了解信号的传输。

 一学就会的电视信号连接技巧

## 1 有线电视分配器与分支器的区别

分配器以相同的信号强度输出到各个端口，如果家里几台电视机使用，都是使用分配器。分支器的输出是不均衡的，主干信号强，支路信号弱，一般用于多户人家使用同一路信号，是一路进行分支，最后分配。

## 2 有线电视分配器连接注意事项

有线电视线最中间的铜线负责传输信号，其他的金属网是起到屏蔽作用的，它们不能够接触，否则会影响信号的接收效果。外层的金属网与接头的接地端要接触良好，中间的铜芯与端子的中间针也要接触良好。

# 一看就懂的电视信号的连接方式

## ① 有线电视分配器的安装

### 螺旋式F头

用小刀将有线电视线的绝缘层去掉，再把中间的屏蔽层向后折，然后把发泡层去掉一段，再把插入式F头插入，用尖嘴钳将抱箍夹紧即可。

### 冷压头

首先根据冷压头的尺寸把同轴电缆的绝缘层去掉，把露出来的编织网回折。在距离绝缘层3~5mm处去掉铝箔和填充绝缘体，再把冷压头内管插到铝箔与编织网之间，将外管套在折回的编织网上，用力插入同轴电缆内，使安装上的冷压头内管与填充绝缘体平齐，然后用冷压工具把线和接头紧固好。

## ② 电视插座的连接

将电视电缆的端头剥开绝缘层露出芯线约20mm，金属网屏蔽线露出约30mm。横向从金属压片穿过，芯线接中心，屏蔽网由压片压紧，上紧螺钉。将面板安装固定，面板安装应牢固。

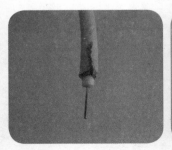
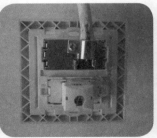

## 有线电视系统的构成

有线电视系统（电缆电视，Cable Television，缩写CATV）是用射频电缆、光缆、多频道微波分配系统（缩写MMDS）或其组合来传输、分配和交换声音、图像及数据信号的电视系统。有线电视系统主要由信号源、前端、干线传输系统和用户分配网络组成。

水电改造基础知识

水电材料全知道

学会识图看图

水路施工全知道

Chapter 5
电路施工全知道

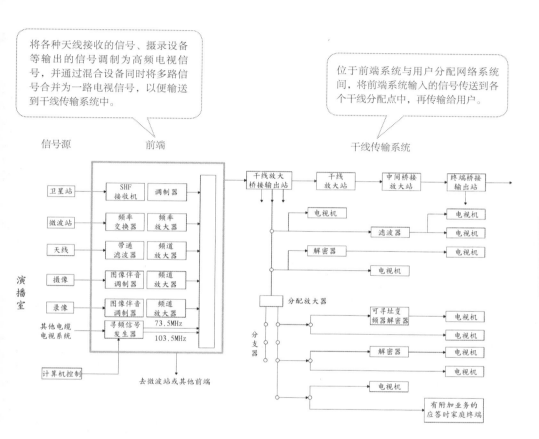

(1)信号源接收部分的主要任务是向前端提供系统欲传输的各种信号。它一般包括开路电视接收信号、调频广播、地面卫星、微波以及有线电视台自办节目等信号。

(2)前端部分的主要任务是将信号源送来的各种信号进行滤波、变频、放大、调制、混合等，使其适用于在干线传输系统中进行传输。

(3)干线传输部分主要任务是将系统前端部分所提供的高频电视信号通过传输媒体不失真地传输给分配系统。其传输方式主要有光纤、微波和同轴电缆三种。

(4)用户分配系统的任务是把从前端传来的信号分配给千家万户，它是由支线放大器、分配器、分支器、用户终端以及它们之间的分支线、用户线组成。

# 网络信号的连接

① 家庭网络连接可以分为单台计算机连接和多台计算机连接两种情况，单台计算机只需要一个MODEM就可以，多台则需要安装路由器，建议选无线路由器，手机和笔记本都可以使用。

② 网线需要连接插头才能够使用，连接插头的方法分为正常连接和交叉连接两种方式。

③ 连接墙壁上的网络插座，需要先处理网线，将线芯按照安装说明与接线端子或者压头连接，连接后放到盒内，固定面板，进行测试即可使用。

 一看就懂的网络信号的连接

## 1 单台计算机的网线连接

从电话线的接口连接一个分离器，一根接电话线，另一根接 MODEM（就是常说的猫）的 RJ11 ADSL 端口，也就是 MODEM 上的 LINE 端口。将 MODEM 上的以太网（ETHER-NET）端口连接到计算机端口上。

## 2 多台计算机的网线连接

将 MODEM 上的以太网（ETHER-NET）端口连接到路由器的以太网端口上。再由路由器上的以太网端口分别连接到不同的计算机上。如果家里使用弱电箱，MODEM、路由器和电源则均集中于弱电箱中，只要接网线、电源线以及到各个房间的网线即可。

## ③ 网络插座的连接

先处理网线，将距离端头 20mm 处的网线外层塑料套剥去，注意不要伤害到线芯，将导线散开。将线芯按照接线板上的指示接到端子或者压线槽中。连接牢固后，放回盒内，将面板固定，要求安装牢固。用仪器进行测试，看是否接通。

## ④ 网线的制作方法

### 正常连接

正常连接是将双绞线的两端分别都依次按白橙、橙、白绿、蓝、白蓝、绿、白棕、棕色的顺序（国际EIA/TIA 568B标准）压入RJ45水晶头内。这种方法制作的网线用于计算机与集线器的连接。

### 交叉连接

交叉连接是将双绞线的一端按国际标准EIA/TIA 568B标准压入RJ45水晶头内；另一端将芯线依次按白绿、绿、白橙、蓝、白蓝、橙、白棕、棕色的顺序压入RJ45水晶头内。这种方法制作的网线用于计算机与计算机的连接或集线器的级联。

## ⑤ 网线的制作步骤

用压线钳将双绞线一端的外皮剥去 30mm，然后按 EIA/TIA 568B 标准顺序将线芯撸直并拢；将芯线放到压线钳切刀处，8根线芯要在同一平面上并拢，而且尽量直，留下 15mm 线芯剪齐。

将双绞线插入 RJ45 水晶头中，插入过程均衡力度直到插到尽头。并且检查 8 根线芯是否已经全部充分、整齐地排列在水晶头里面；用压线钳用力压紧水晶头，抽出即可；制作另一头，最后把网线的两头分别插到双绞线测试仪上，如果正常网线，两排的指示灯都是同步亮的。

# 电话信号的连接

①电话线分为二芯和四芯两种，普通电话都是用二芯，如果用四芯可以同时接两部普通电话，接一部时空闲两根线即可，通常四芯线需要接专用的四芯电话。

②电话线需要与水晶头连接，才能够连接在电话机和墙面插座上，二芯线和四芯线的连接方式略有不同，安装时注意不要弄错。

③电话水晶头分为输入端和听筒线两种，购买时要分清楚作用。

## 一看就懂的电话信号的连接

### 1 连接电话线的要求

**分为二芯和四芯两种**

电话线分为二芯和四芯两种，一般电话用二芯电话线连接就可以，二芯电话线没有极性的区分。若为四芯专用电话，则需要连接四芯线，四芯线必须按照顺序连接。

**四芯可同时接两部普通电话**

若普通电话使用四芯线，则可以同时接装两部电话机，一般接法是两芯成一对，即红、蓝，绿、黄（白）。如果接一部电话机，则往往使用红、蓝线来接装，另外两根闲置即可。同时安装两部电话机但不需要串线时，可以采用分机盒，中间的两根接一部，另外两根接一部。

水电改造基础知识

水电材料全知道

学会识图看图

水路施工全知道

电路施工全知道

Chapter 5

## ② 连接四芯线电话插座的方法

首先处理电话线，将电话线自端头约 20mm 处去掉绝缘皮，注意不能伤害导线芯。将四根线芯按照盒上的接线示意连接到端子上，有卡槽的放入卡槽中固定好。最后将面板固定在上面，需固定牢固、平直。

## ③ 电话水晶头的制作

### 二芯线

剥去距离端部约50mm处电话线的外层绝缘层，露出内芯（内芯绝缘层保留）。将内芯插入到水晶头中间的两个槽位中。将卡线钳套入、压紧。如家里使用的是四芯线，按照红、蓝（黑）或绿、黄（白）的分组方式装接一组即可。

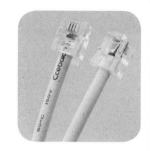

### 四芯线

四芯线接线顺序一般为蓝（黑）、红、绿、黄，两端是直接连接，中间两根为信号线，两边两根为数据线。当四芯线的两端都接水晶头时，需要注意两个水晶头中的接线顺序是相反的，若将两个水晶头都背对自己，第一个水晶头上的内芯排序是从上到下为黄（白）、绿、红、蓝（黑），则第二个从下到上为黄（白）、绿、红、蓝（黑）。

## ④ 电话水晶头的种类

电话水晶头可分为输入线使用和听筒线使用两种，两种类型都有 4 个接线槽。输入线水晶头比听筒线水晶头个头大。输入线的连接不分正负，将线插入中间两个槽中，再用压片压紧即可。听筒线中间的两个槽是麦克连接端，两边的是受话器连接端。

# 灯具的种类及特点

**水电快照**

①灯具是家庭必备的用电设备之一，家庭常用灯具可以分为吊顶、吸顶灯、落地灯、壁灯、射灯、台灯、筒灯和灯带等。

②不同类型的灯具具有不同的特点，如吊灯能够提供全面的照明且款式多样；吸顶灯款式大方、安装简单，适合房高不高的空间作为主灯；落地灯适合作为局部照明；壁灯、射灯能够渲染氛围等。

③所有灯具中，吊灯的种类是最多的，包括了多种风格造型和不同材质。

④提供照明的主要器具还是灯泡，选择灯具后需要搭配恰当的灯泡才能具有舒适感。

⑤除了按照类型选择灯具外，还可以根据家居空间的特点来选择，如客厅除了需要主灯外，还可以增加一些渲染气氛的灯具；卧室、厨房、卫浴间等都有不同的照明需求。

## 不同灯具具有不同特点

　　灯具是家庭中必不可少的用电设备，它的种类非常多，每种都有千变万化的造型，且不同种类的具体作用也不同。家庭空间中常用的灯具包括吊灯、吸顶灯、射灯、台灯、壁灯、筒灯、灯带等，其中吊灯的款式最多，按照风格还可分为欧式烛台吊灯、中式吊灯、水晶吊灯、羊皮纸吊灯、时尚吊灯、锥形罩花灯、尖扁罩花灯、束腰罩花灯、五叉圆球吊灯、玉兰罩花灯、橄榄吊灯等。

▲不同造型的吊灯不仅适合不同风格还适合不同的空间，选择时可将多种因素结合起来。

# 一看就懂的灯具分类及特点

水电改造基础知识

水电材料全知道

学会识图看图

水路施工全知道

Chapter 5

电路施工全知道

## 1 吊灯

吊灯是最为普及的室内照明灯具，能够提供全面的照明光线，安装带有调光的遥控器就可以调整光线的强弱。家居常用的吊灯可分为单头吊灯和多头吊灯两种。

## 2 吸顶灯

吸顶灯属于家庭常用灯具之一，它可直接装在天花板上，安装简易，款式简单大方，富于空间清朗明快的感觉。吸顶灯常用的有方罩吸顶灯、圆球吸顶灯、尖扁圆吸顶灯、半圆球吸顶灯、半扁球吸顶灯、小长方罩吸顶灯等。

## 3 落地灯

落地灯常用作局部照明，不讲全面性，而强调移动的便利，对于角落气氛的营造十分实用。落地灯的采光方式若是直接向下投射，适合阅读等需要精神集中的活动，若是间接照明，可以调整整体的光线变化。落地灯的灯罩下边应离地面1.8m以上。

## 4 壁灯

壁灯有投射、晕染等多种光线效果，具有聚焦视线的效果，是少数的可以安装在墙壁上的灯具。壁灯的装饰作用比较突出，常用的有双头玉兰壁灯、双头橄榄壁灯、双头鼓形壁灯、双头花边杯壁灯、玉柱壁灯、镜前壁灯等。壁灯的安装高度，其灯泡应离地面不小于1.8m。

## 5 射灯

射灯属于聚光灯，可以单独照射重点区域，如装饰画、摆件等。射灯光线柔和，雍容华贵，既可对整体照明起主导作用，又可局部采光，烘托气氛。

## 6 台灯

台灯可以将光线投射到不同的水平面上，呈现出独特的光线，是最佳的阅读光源。按材质分为陶灯、木灯、铁艺灯、铜灯等，按功能分为护眼台灯、装饰台灯、工作台灯等。

## 7 筒灯

筒灯可以嵌入到天花板、家具中，可以形成一个焦点区域，具有强调作用。筒灯不占据空间，可增加空间的柔和气氛，如果想营造温馨的感觉，可试着装设多盏筒灯，减轻空间压迫感。

## 8 灯带

灯带可以用日光灯管也可以用蛇形灯管来塑造，多用来营造层次感。通常是藏在顶部或者墙面、家具结构里层的，通过墙面、顶面的反射将光线柔和地散发出来。

### TIPS:
**家用灯泡的种类**

家庭常用灯泡包括白炽灯、节能灯、LED灯三种类型。白炽灯就是普通灯泡，光感接近太阳，但耗能大；节能灯光效高，是普通白炽灯的5倍多，节能效果明显，寿命长，缺点是显色性较低；LED灯体积小、耗电低、寿命长、无毒环保，但价格较高。

**一看就懂的不同空间适用的灯具种类**

# 1 客厅

　　吊灯是最适合用在客厅的灯具之一，可以选择多头吊灯。开关控制上建议选择分控开关的吊灯，这样如果吊灯的灯头较多，可以局部点亮。顶面较低的客厅可以采用吸顶灯做主光。除此之外，还可以使用射灯、壁灯、灯带烘托气氛，落地灯做阅读。

# 2 餐厅

　　方形餐桌上方最适合安装高度恰当的吊灯，如果餐桌是圆形的，除了可在正上方装设长线吊灯外，还可在天花板上安装一圈隐蔽式的下照灯作为辅助光源。如果对用餐时气氛比较讲究，可选择亮度能够自由调节的壁灯。

# 3 书房

　　书房是工作和学习的重要场所，灯具选择上必须有合理的阅读照明。可以在桌上摆放一盏台灯，专业又美观。可以在天花板四周安置间接光源作照明，间接照明可以避免灯光直射所造成的视觉眩光伤害。

# 4 卧室

　　卧室是休息的私人隐私空间，柔和的灯光才能保证主人情绪的放松。主灯可根据房高选择吊顶或者吸顶灯，床头上方可嵌筒灯或壁灯，也可在装饰柜或吊顶中嵌筒灯饰，使室内更具浪漫舒适的气氛。

## 5 门厅

　　门厅是进入室内给人最初印象的地方，灯光要明亮，灯具的位置要安置在进门处和深入室内空间的交界处。在柜上或墙上设灯，会使门厅内有宽阔感。吸顶灯搭配壁灯或射灯，优雅和谐。而感应式的灯具系统，可解决回家摸黑入内的不便。

## 6 走廊

　　走廊可选择贝壳壁灯或陨石壁灯，不仅起到辅助照明的作用，而且还是一件亮丽的家居饰品。过长的走廊，顶部还可搭配筒灯或者灯带，烘托氛围还能够调节空间的比例。

## 7 厨房

　　厨房最好选择本身自带灯具的橱柜，也可以在操作区设置局部照明。不建议使用吸顶灯，因为它不聚光，只有散光，所以不宜在厨房中安装。光源尽量选择偏暖光，这样的光线很美观。

## 8 卫浴间

　　卫浴间的灯具需注意灯具的防潮、防水功能。因此宜选择吸顶灯或壁灯，吸顶灯可以避免水汽的侵蚀，壁灯也比较适用于卫浴间。壁灯的造型，一般就避免了水汽对灯具的伤害。

## 9 阳台

　　阳台的灯具可以根据阳台的具体功能而选择，如果阳台兼具书房，除了建议以吸顶灯做主灯外，书桌部分建议加一盏台灯；如果阳台作为休闲作用，除了主灯，还可以使用壁灯、筒灯。

# 灯具的安装及安装要求

**水电快照**

① 不同类型的灯具重量也不同，吊灯中有些非常重，这类灯具安装不仅要美观还应该牢固。

② 安装灯具前，先对灯具的配件和外观进行检查，看是否齐全，外边有无损伤。

③ 吊灯的重量超过1kg应使用吊链，灯线应与吊链缠绕在一起；如果超过3kg应该在天花板上预埋螺栓或吊钩。

④ 安装荧光灯，镇流器应接在相线上；白炽灯作为光源时，不能紧贴灯泡；壁灯最好不要与壁纸墙面紧贴，可以选择灯臂距离较远或者带有灯罩的款式。

⑤ 安装射灯应记得同时搭配变压器，不然很容易频繁地损坏。

⑥ 如果觉得水晶灯不安全，可以选择纸罩或者羊皮罩的吊灯，这些灯具自重较轻。

## 安装灯具不仅要美观还要牢固

灯具安装是家庭装修的收尾工程，所有家庭最后都离不开灯饰产品的装饰与安装，而一般不同的照明灯具其安装流程与步骤是各不相同的，并且安装过程中需要注意的细节也不一样。特别是3kg以上的吊灯，安装不仅非常复杂，还要注意安全，一旦掉落后果不堪设想，建议找专业人士按照规范要求严格操作，效果美观也要保证牢固程度。

▲灯具的安装是一件非常专业的事情，特别是造型复杂、重量很重的灯具，安装不好不仅影响效果而且存在危险性。

## 一学就会的灯具安装技巧

### 1 灯具及配件应齐全

灯具及配件应齐全，无机械损伤、变形、油漆剥落和灯罩破裂等缺陷。安装灯具的墙面、吊顶上的固定件的承载力应与灯具的重量相匹配。吊灯应装有挂线盒，每只挂线盒只可装一套吊灯。

### 2 吊灯固定有要求

吊灯表面不能有接头，导线截面不应小于$0.4mm^2$。重量超过1kg的灯具应设置吊链，重量超过3kg时，应采用预埋吊钩或螺栓方式固定。吊链灯具的灯线不应受拉力，灯线应与吊链编在一起。

### 3 荧光灯的镇流器应装在相线上

荧光灯做光源时，镇流器应装在相线上，灯盒内应留有余量。螺口灯头相线应接在中心触点的端子上，零线应接在螺纹的端子上，灯头的绝缘外壳应完整、无破损和漏电现象。

### 4 花灯的固定钩直径有讲究

固定花灯的吊钩，其直径不应小于灯具挂钩，且灯的直径最小不得小于6mm。采用钢管作为灯具的吊杆时，钢管内径不应小于10mm；钢管壁厚度不应小于1.5mm。

水电改造基础知识

水电材料全知道

学会识图看图

水路施工全知道

**电路施工全知道**

Chapter 5

## 5 白炽灯做光源不能紧贴灯罩

以白炽灯做光源的吸顶灯具不能直接安装在可燃构件上；灯泡不能紧贴灯罩；当灯泡与绝缘台之间的距离小于5mm时，灯泡与绝缘台之间应采取隔热措施。软线吊灯的软线两端应做保护扣，两端芯线应搪锡。

## 6 灯具固定螺钉不能少于2个

同一室内或场所成排安装的灯具，其中心线偏差不应大于5mm。灯具固定应牢固。每个灯具固定用的螺钉或螺栓不应少于2个。

## 7 与壁纸邻近的壁灯造型有要求

需要注意壁灯所在的墙面最好不要选择壁纸为主材。壁灯使用时间长了以后，会导致墙面局部变色，严重的会起火，壁纸会加速火势。如果一定要两者同在，可以选一些灯罩距离墙面较远的长臂款式或者带有灯罩的款式。

## 8 射灯要装变压器

安装射灯的正确做法是一定要安装变压器，或者购买自带变压器的款式，防止电压不稳发生爆炸，然而实际上，很少业主会注意到这一点。

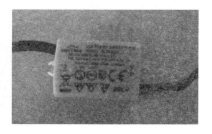

## 9 纸、皮灯比水晶灯更安全

如果觉得水晶灯不安全，选择吊灯时可以选择羊皮或者纸质灯罩的，自重更轻，即使不慎掉落下来也不会对人身造成伤害。

## 花灯的安装

花灯是指造型复杂的吊灯，这类灯具是安装最为复杂的灯具类型，通常可按照以下几个步骤来进行安装。

(1)应预先根据位置及尺寸开孔，若为悬挂式需要安装吊钩。

(2)将组装好的灯具托起，用预埋好的吊钩挂住灯具内的吊钩，捋顺各个灯头和另一端的相线与中性线。

(3)将吊顶内引出的电源线与灯具电源的接线端子可靠连接，将电源接线从吊杆中穿出。

(4)将灯具推入安装孔固定；调整灯具边框。如灯具对称安装，其纵向中心轴线应在同一直线上，偏斜不应大于5mm。安装灯泡、灯罩。

吊灯应事先预埋吊钩，安装时将灯具的吊钩连接在顶面的吊钩上。

电源线从吊杆中穿出。

所有配件安装完成后，最后安装灯泡和灯罩。

首先按照说明书，将灯泡和灯罩以外的配件组装起来。

**TIPS：**
**花灯的组装**

　　按照说明书将各个部件组装起来；灯内留线的长度要适宜，多股软线线头需要搪锡，且注意配线颜色应统一；灯座中心的簧片用来接相线。用线卡或尼龙捆扎带固定导线，避开灯泡发热区。

# 一看就懂的不同灯具的安装

## 1 普通座式灯头的安装

将电源线留足维修长度后剪除余线并剥出线头；区分相线与零线，对于螺口灯座中心簧片应接相线，不得混淆；用连接螺钉将灯座安装在接线盒上。

## 2 吊线式灯头的安装

将电线留足长度后剪除余线剥出线头，穿过灯头底座，用连接螺钉将底座固定在接线盒上；剪取一段灯线，在一端接上灯头，接线时区分相线与零线，螺口灯座中心簧片应接相线，不能混淆；将灯线另一头穿入底座盖碗，旋上扣碗。

## 3 吸顶灯、壁灯的安装

对照灯具底座画好安装孔的位置，打出尼龙栓塞孔，装入栓塞；将接线盒内电源线穿出灯具底座，用螺钉固定好底座；将灯内导线与电源线用压接帽可靠连接；用线卡或尼龙扎带固定导线以避开灯泡发热区；上好灯泡，装上灯罩并上好紧固螺钉。

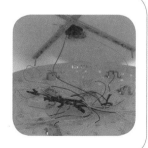

## 4 灯带的安装

根据安装的位置及尺寸开孔；将吊顶内引出的电源线与灯具电源线的接线端子可靠连接；将灯具推入安装孔或者用固定带固定；调整灯具边框；如果灯具采用对称形式，纵向中心轴应在同一条直线上。

# 吊扇、壁扇的安装

①安装吊扇要求先预埋吊钩或者螺栓，使其安装牢固可靠。吊钩的直径不能小于吊扇自带的吊钩，且不能小于8mm。

②风扇吊杆保护罩盖上以后，应能够完全罩住吊钩。

③安装壁扇要求尼龙塞或者膨胀螺栓的数量不能少于2个，直径不能少于8mm。

④壁扇固定要求牢固可靠，运转时没有明显的颤动和声音。

## 一学就会的吊扇、壁扇安装技巧

### 1 吊扇的安装要求

吊钩挂上吊扇后，吊扇的重心与吊钩直线部分应在同一直线上；吊钩的直径不能小于吊扇悬挂销钉的直径，且不能小于8mm；安装吊扇必须预埋吊钩或螺栓，且必须牢固可靠；吊钩伸出长度应以盖上风扇吊杆护罩后，能将整个吊钩全部罩住为宜。

### 2 壁扇的安装要求

尼龙塞或膨胀螺栓的数量不少于 2 个，直径不小于8mm，固定牢固可靠；壁扇防护罩扣紧，固定可靠；当运转时扇叶和防护罩无明显颤动和异常声响；为了不妨碍人的活动，壁扇下边缘距离地面的高度不宜小于 1.8m；底座平面的垂直偏差不宜大于 2mm。

# 排气扇的安装

水电改造基础知识

水电材料全知道

学会识图看图

水路施工全知道

Chapter 5

电路施工全知道

①排气扇是卫浴间不可缺少的小配件，它能够将潮气输送出去，保证空气的新鲜，避免人在洗澡时因为水蒸气而感觉不适。

②排气扇的安装位置很重要，尽量靠近潮气容易产生的位置，但不宜装在淋浴部位的正上方。

③排气扇与屋顶之间的距离必须达到0.05m以上，与地面距离应不小于2.3m。

④排气扇安装完成后应牢固、转动顺利，扇叶没有过紧或者擦碰外壳的现象。

 一学就会的排气扇安装技巧

## 1 排气扇的安装要求

安装前应检查风机是否完整无损，各紧固件螺栓是否有松动或脱落，叶轮有无碰撞风罩；安装时应注意水平位置，与地基平面应水平，安装后不可有倾斜现象；固定后若有空隙，可用玻璃胶进行密封。安装完成后，用手或杠杆拨动扇叶，检查是否有过紧或擦碰现象。

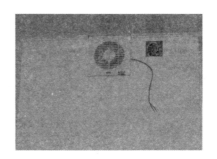

## 2 安装排气扇的注意事项

电源线中的黄绿双色线必须接地。与屋顶之间的距离必须达到0.05m以上，与地面应相距2.3m以上。尽量靠近原有风道风口，并符合管线最短原则。尽量靠近异味或潮气容易产生的位置，这样符合效率最高原则。不宜装在淋浴部位正上方，气流容易使身体感到不适。

# 浴霸的安装

① 浴霸需要安装在扣板吊顶上，挑选浴霸时，要注意整体的厚度，如果太厚就会拉低顶的高度，也可能出现吊顶做完而浴霸安装不进去的情况。

② 较为合适的做法是，在制作吊顶前就将浴霸的安装考虑进去，如位置、厚度、大小等。

③ 浴霸工作的最大功率能够达到1100W以上，因此浴霸安装安全最重要，在顶面的电线必须套管，电线不能直接接触箱体或者吊顶，线管用管卡固定。

④ 浴霸分为灯暖和风暖两种，接线方法略有不同，当给浴霸接线时根据浴霸的类型，应按照说明或者规范严格执行。

⑤ 浴霸的安装顺序可以总结为确定浴霸类型→确定安装位置→开通风孔→安装通风窗→安装浴霸。

## 浴霸安装的特点

　　浴霸是卫浴中不可缺少的产品，它主要负责为洗澡时的浴室供暖、换气、照明，而浴霸的安装是有讲究的，只有安装好才能安全使用，延长浴霸的使用寿命。传统的四灯浴霸重量较大，在安装时首先要保证其牢固度，扣板吊顶需要单独加固龙骨框。

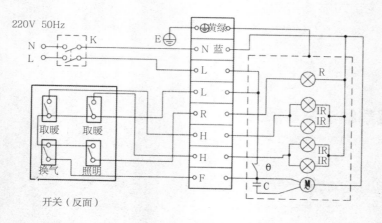

浴霸接线示意图

## 一学就会的浴霸安装技巧

### 1 浴霸安装严谨带电作业

严谨带电作业，应确保电路断开后才能接线。开关盒内的线不宜过长，接线后尽量将电线往里面送，不要强硬地塞进去。分线盒也可以在打孔下木楔后，用铁钉固定，不能无任何固定措施而放在龙骨或者吊杆上。

### 2 电线在吊顶内应配管

电线在吊顶内不能乱放，需要配管以保护电线，并避免电线与龙骨直接接触。配管后走向应明确，做到横平竖直，配管的接线盒或者转弯处应设置两侧对称的支吊架固定电线管，或者配备管卡。

### 3 浴霸位置宜提前考虑

因通风管的长度为1.5m，在安装通风管时须考虑产品安装位置，浴霸中心至通风孔的距离请勿超过1.3m。划线与墙壁应保持平行，最好在浴室装修时，就把浴霸安装考虑进去，并做好相应的准备工作。

### 4 浴霸电源配线系统要规范

浴霸最大功率能达到1100W以上，安装浴霸必须使用防水线，最佳选择是直径不低于1mm的多丝铜芯电线。所有电源配线都要走塑料暗管镶在墙内，不允许明线设置，浴霸开关必须是带防水10A以上的合格产品。

## ⑤ 尽量安装在头顶而不是墙上

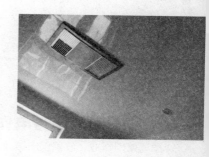

浴霸在安装之时，尽量选择在头顶安装，而不是像某些宾馆中的在身体侧面。最好不要距离头顶过低，理论上应该在40cm的距离之上，这样才能保证既取暖又不会灼伤皮肤。

## ⑥ 浴霸的厚度不宜太大

浴霸的厚度在20cm左右即可，因为浴霸要安装在原顶和扣板吊顶之间，如果浴霸太厚，就要加大这部分的距离，给装修带来困难。

## ⑦ 浴霸宜装在浴室的中心部

将浴霸安装在浴缸或淋浴位置上方升温快但有安全隐患。红外线辐射灯离得太近容易灼伤人体。正确的方法是应该将浴霸安装在浴室顶部的中心位置，或略靠近浴缸的位置，这样既安全又能使功能最大限度地发挥。

## ⑧ 灯暖浴霸留线

一般灯暖型浴霸要求4组5根线，4组包括灯暖两组、换气1组、照明1组，5根包括顶上1根零线，4根控制相线，下面开关处是1根进相线，4根控制出相线。

## ⑨ 风暖浴霸留线

风暖型浴霸（PTC陶瓷发热片取暖）要求用5组线，包括照明1组、换气1组、PTC发热片2组、内循环吹风机负离子1组。

# 一看就懂的浴霸安装步骤

水电改造基础知识

水电材料全知道

学会识图看图

水路施工全知道

电路施工全知道

Chapter 5

## ① 安装浴霸先开孔

一般浴霸开孔为 300mm×300mm 或 300mm×400mm。300mm×300mm 或是 300mm×600mm 的铝扣板吊顶，留一片 300mm×300mm 的扣板的位置不安装就可以。条形铝条板，在安装扣板的时候宜直接预留浴霸孔。

## ② 先制作固定框

根据浴霸的大小，先用龙骨制作固定框，将固定框放到顶棚上方固定牢固。而后取下浴霸的面罩把所有灯泡拧下，将弹簧从面罩的环上脱开并取下面罩。

## ③ 按照说明接电线

按浴霸开关接线图所示交互连软线的一端与开关面板接好，另一端与电源线一起从天花板开孔内拉出，打开箱体上的接线柱罩，按接线图及接线柱标志所示接好线，盖上接线柱罩，用螺钉将接线柱罩固定，然后将多余的电线塞进吊顶内。

## ④ 最后安装面罩、灯泡和开关

把通风管伸进室内的一端拉出套在离心通风机罩壳的出风口上。将箱体推进孔内，根据出风口的位置选择正确的方向把浴霸的箱体塞进孔穴中。用 4 颗直径 4mm、长 20mm 的木螺钉将箱体固定在吊顶木档上。之后安装面罩、灯泡和开关。

# 电及燃气热水器的安装

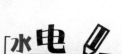

①燃气热水器安装应注意排风、通风，避免因燃气燃烧不足而导致一氧化碳中毒；电热水器安装应注意用电安全，必须接地。

②安装燃气热水器的房间高度应大于2.5m，并且通风良好，不能装在橱柜中，不能安装在排风扇和煤气灶之间。

③燃气热水器底边距离地面高度应不小于1.5m，上方不能有电力明线，与燃气灶之间的距离不能小于300mm。

④电热水器应安装在承重墙上，如果不是承重墙下方必须安装支架，不能安装在天花板内。

⑤热水器使用的插座应符合要求；热水器下方应安装有地漏。

## 准备工作做到位避免浪费

热水器特别是燃气类型的安装，属于较为专业的事项，建议请专人安装。前期准备需要做到位，可以避免材料及资金的浪费。在家装阶段先把与热水器安装相关的水、电等项目做到位，这样燃气热水器的安装成本就基本限定在烟道一些必用的项目上，费用就较低。在策划线路时，应避免管线不走直线、绕远等浪费材料的情况出现。

▲左图为燃气热水器，右图为电热水器，安装方式不能一样，建议请专业人员安装，自己监工、验收。

# 一学就会的燃气热水器安装技巧

## ① 燃气热水器应通风良好

热水器应安装在通风良好的房间或过道中，房间的高度应大于2.5m，不能安装在橱柜中，散热不好会有安全隐患；勿将机器安装在抽风扇与煤气灶之间，否则可能引起故障和不完全燃烧。

## ② 燃气热水器应保证排烟通畅

安装燃气热水器时，应保证烟道排气的通畅；燃气管应明设，连接燃气热水器的燃气管应使用镀锌管，不宜用橡胶软管连接；热水器应安装在操作、检修方便又不易被碰撞的位置。

## ③ 燃气热水器距地面一般为1.5m

燃气热水器一般距地面1.5m，排烟口离顶棚距离应大于600mm；热水器应安装在耐火的墙壁上，与墙的净距应大于20mm，安装在非耐火的墙壁上时，应加垫隔热板，隔热板每边应比热水器外壳尺寸大100mm。

## ④ 燃气热水器上不能有电力明线

热水器与燃气表、燃气灶的水平净距不得小于300mm；热水器的上方不得有电力明线、电器设备和易燃物，热水器与电器设备的水平净距应大于300mm，其周围应有不小于200mm的安全间距。

## 5 安装燃气热水器必须空气流通

安装燃气热水器时，通风是关键，空气不流通，有造成窒息和一氧化碳中毒的危险。热水器的烟气排放口上方(或旁边)有打开的窗口与洗澡间相通，排出的烟气会进入洗澡间，也会有中毒的危险。

## 6 燃气热水器不能安装在浴室内

燃气热水器绝对不允许安装在浴室内，因为浴室洗浴时空气流通慢，且潮气大，很容易造成缺氧现象，从而导致燃气燃烧不充分，烟气中的一氧化碳超过一定量的时候，很容易使人中毒。

## 7 等安装人员到位再拆包装

燃气热水器最好等厂家或卖场的安装师傅安装前再拆封，同时检查箱内的配件是否完整，除说明书、膨胀管、木螺钉外，还有一个弯管接头、烟管一根，玻纹管2根、进气管、燃气球阀、进水阀。还有可能需要增压泵、三通、加长排烟直（弯）管等等。

# 一学就会的电热水器安装技巧

## 1 电热水器必须强制接地

热水器属于I类电器，必须强制接地。通常新建住宅在进行配电设计时，都考虑了使用电热水器或空调的用电负载。在进行电路改造时要将地线考虑进去，所有三孔插座均有可靠地线与大地连通。插座使用防漏电插座，在浴室内安装电热水器的位置，预留三孔插座。

水电改造基础知识

水电材料全知道

学会识图看图

水路施工全知道

电路施工全知道

Chapter 5

## 2 电热水器应安装在承重墙上

电热水器应安装在承重墙上，墙体必须是实心墙，如果无法准确判断是否是承重墙，要在热水器下面加装支架支撑；横挂式电热水器右侧需与墙面至少保持30cm距离，以便维护保养。

## 3 电热水器不要安装在天花板上

电热水器不要安装在天花吊顶内，否则不便于电热水器的保养和维护，影响产品的排水，影响安全阀加热时泄压，存在损坏天花吊顶隐患。

## 4 热水器下方应有地漏

安装环境应是比较干燥通风、无其他腐蚀性物质存在，水和阳光不能直接接触的地方；电热水器下方需有可靠的有效排水地漏，以便排水。

## 5 应使用三级插座

电热水器供电的插座应符合使用安全的独立固定三极插座，插座与电热水器插头应匹配；电热水器的水压正常，一般不超过 0.7MPa，如水压过高，一定要在前面加装减压阀；减压阀需要安装导流管，引到排水处。

## 6 安装前先检查水路设计

水管连接应密封圈连接可靠，安全阀应直接与热水器进水接口连接，再连接水管路；水路安装前应辨别其水路走向及管路连通的设施是否合理，正确后再安装。

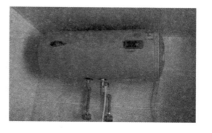

# 太阳能热水器的安装

**水电快照**

①太阳能热水器分为手动控制进水、机械式自动进水和带太阳能控制仪的太阳能热水器三种，可以根据需要具体地进行选择。

②安装太阳能热水器需要先安装支架，按照说明将前片和后片组装在一起，再安装支架。位置选择正向南偏西一些的角度，能够延长日照时间。

③支架一般采用水泥墩、打膨胀螺栓或者是钢丝绳固定，操作时可以根据屋顶的材料，具体地选择适合的固定方式。

④之后安装水箱、接通冷热水管、接线、安装智能控制仪，调试即可使用。

⑤安装前先考虑进水口、出水口的问题，以及控制仪的安装位置。

## 太阳能热水器的优缺点

除了燃气热水器和电热水器外，很多家庭还会选择安装太阳能热水器。太阳能热水器具有节能、环保、安全的优点，节省了开支，避免了触电的危险。但同时也具备一定的缺点，因为需要安装在楼顶，管道较长，跟其他热水器相比较为费水；加热的时间较长，通常需要一整天的时间；在冬季有些地区无法使用。

▲如果全年光照比价均匀的地区，非常适合使用太阳能热水器，冬季温度低的地区就不太适合在冬季使用。

## 一看就懂的太阳能热水器分类

### 1 手动控制进水

在安装有热水器的控制端的房间内，打开热水的进水开关，待溢水管开始出水时关闭进水阀门，此时太阳能热水器的水箱就完成注水工作，晚间就可以使用热水。

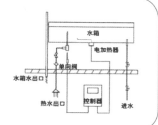

### 2 机械式自动进水

机械式自动注水太阳能热水器是手动注水的太阳能热水器的升级版和优化版，这种进水方式的太阳能热水器安装简单，而且可靠性高，一般正常可使用 2 ~ 3 年，如果保养到位，也可以将使用寿命延长到 6 ~ 7 年。

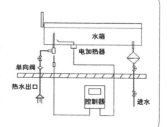

### 3 带太阳能控制仪的太阳能热水器

带太阳能控制仪的太阳能热水器是以上两种款式的升级版，这种进水方式的好处是当水位低于最低安全水位后控制阀自动打开注水装置，当水位到达最高水位时控制器自动关闭注水装置，完成太阳能注水工作。

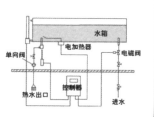

## 一看就懂的太阳能热水器安装步骤

### 1 安装支架

通常安装在屋顶，方向是正向南偏西 5°~10°，确保没有遮挡物，入户管线也应该减少以增加日照时间。按照说明书把前片和后片组装在一起，上紧螺钉，再将安装前后片侧斜撑住。

## ② 固定支架

一般采用水泥墩、打膨胀螺栓或者是钢丝绳固定支架。钢丝绳固定：把钢丝绳套在前支架左右框及桶托左右 U 型环上，用螺母拧紧，将连接好的四根钢丝绳或钢筋向热水器四角方向拉伸，在适当位置钻孔安装膨胀挂钩，将钢丝绳与膨胀挂钩 U 型环牢固连接。

## ③ 电加热的安装

首先打开电加热口的防尘保温盖，松开里面的螺钉，然后将底部的塞撬开，检查内置密封胶圈，看它是否贴紧，随后将内置电热棒放入，贴紧后恢复，上紧螺栓。

## ④ 安装水箱

把水箱放在组装好的桶托上，将水箱与桶托用螺栓连接，拧紧架子与桶托连接螺母，使水箱两端与支架左右两端距离相等，真空管中心线与前支架平面平行。

## ⑤ 安装真空管

先安装真空管管座，集热管的下部要安装，且将管座安装在支架的指定位置。而后进行插管，把真空管外密封胶圈插入真空管约 15cm，垂直管口方向插入真空管，用力均匀轻旋推入水箱。

## ⑥ 接冷热水管

进出水口缠住胶带，然后上好管件，接入太阳能专用管道；电伴热带紧贴在管道外壁，用黏性扎带扎紧；把传感器装在水箱水位仪孔，管道外侧用厚聚乙烯橡塑管做保温。

水电改造基础知识

水电材料全知道

学会识图看图

水路施工全知道

电路施工全知道

Chapter 5

# ⑦ 电加热接线

红色线为相线，双色线为接地线，其余一根为零线。剥皮，露出 2cm 左右铜线，并套上热缩管，进行绝缘和防尘。然后把电源线与这三根线对色链接，接实接牢，从外侧用防水绝缘胶带统一缠好，避免短路。

# ⑧ 电伴热带接线

在电伴热带的端口切一斜面，让它的两线的距离相对较远，避免短路。用绝缘胶带缠住使其充分绝缘，并将电伴热带的端头与管的端头对齐，用绝缘胶带固定在管道上，使其紧贴管壁。另一端为智能控制仪端子，若有增压水泵，水泵接线与电伴热带并联。

# ⑨ 安装智能控制仪

在室内侧墙上，打孔，然后插入塑料胀管，将测控仪的固定底座安装在墙面上；传感器的信号线与控制盒的信号线按照标记对接插牢；恒温混水电磁阀要水平安装，电磁阀的接线分别接入控制盒上的接线端子。

---

## TIPS：
### 太阳能热水器安装注意事项

计划安装太阳能热水器，首先要考虑热水管的入口和出水管的出口，如果是选用电加热和带控制仪的款式，还要确定开关或者控制仪的安放地点。

由于太阳能热水器内的水温最高可达95℃以上，为了防止管材老化或者软化，建议选购优质的铝塑管。特别不建议使用聚苯乙烯保温材料，否则会使保温层产生很大的缝隙，最终导致严重收缩变形。

安装太阳能热水器前，应先将楼顶热水器旁边的避雷针有效地加高，使其高出热水器顶部半米以上，同时热水器水箱必须有效接地；室内出水口必须与地线等电位连接；雷雨时不使用热水器。

# 洗碗机的安装

①洗碗机应使用专用的电源插座，在厨房进行埋线时就应提前考虑。

②不同品牌、不同型号的洗碗插座，给水和排水有一定的差别，可以有安装计划，厨房水路电路安装前先确定洗碗机的安装数据。

③洗碗机进水可以单独设计一个龙头进水，也可以将厨房龙头换成多用龙头。

④排水管不可浸入到下水管内的水面中，以防废水倒流；在任何情况下，下水管的端口应高于自本端口起到本部分下水汇入主下水管的连接口之间的任何部分。

## 安装洗碗机进水排水是重点

若计划安装洗碗机，在进行厨房水路布局时，根据洗碗机的型号，应提前做好电源、进水口和排水口的设计，不同型号的洗碗机对这些设计的要求略有不同。

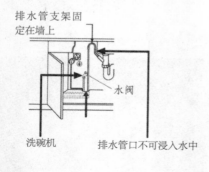

排水管支架固定在墙上

水阀

洗碗机

排水管口不可浸入水中

固定孔

排水管支架

220V、50Hz

40～100cm

竖直下水管道

下水管道

40～100cm

最低28cm

水平下水管道

3/4" 3/4" 1/2" 3/4"

水龙头和连接管若直径不同，可以使用转换接头来连接。

下水方案一：和水槽共用一个下水

下水方案二：单独使用一个下水

12cm

# 一学就会的洗碗机安装技巧

## ① 洗碗机安装前需要考虑的因素

洗碗机应使用专用的电源插座，在埋线时就将其考虑进去，连接到厨房电器专用回路中；安装洗碗机的位置，应预留电源插座、给水、排水的位置。电源插座、给水、排水的位置应根据选择的型号而定。

## ② 洗碗机安装要求

洗碗机可以独立安装，也可嵌入安装与橱柜一体，此种方式应注意要远离热源、积水；如果洗碗机安装在厨房的拐角处，应注意开门不受阻碍。

## ③ 进水管安装要求

进水管的端部接进水阀，将进水管与适配的水管接头连接，并确认牢靠程度；检查水龙头是否漏水，打开水龙头让水流一会儿，将杂质和浑水留出，再将洗碗机的进水管连接。

## ④ 排水管安装要求

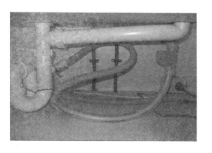

排水管的末端可以直接插入直立式下水道端口中；如果下水管的末端是平的，需连接一个向上的90°弯头，向上延伸10~20cm后，再将排水管末端插入其中；排水管的最高部分距离地面应在40~100cm。

①抽油烟机可以分为顶吸式、侧吸式和下吸式三种，其中顶吸式又分为中式和欧式。它们各有优缺点，可以根据自己的喜好和烹饪的习惯来选择合适的款式。

②安装油烟机的恰当时间为全部装修完成后，这样可以避免装修工程对油烟机造成污染。

③在进行安装前，应先开箱检查一下产品的配件是否齐全，然后将各个零件连接起来，查看有无损坏情况，如果由厂家人员安装，建议等人员到位再开箱，有问题可以调换。

④油烟机的安装位置应在灶具上方650~750mm，且与灶具同轴心线的位置上，这样能够使吸力发挥到最大。安装应稳定、牢固，安装完成后应进行运行测试。

 ## 一看就懂的抽油烟机分类

## 1 顶吸式抽油烟机

传统的油烟机，又可分为中式油烟机和欧式油烟机两种。中式油烟机一般采用大功率电动机，吸排烟效果好，但油烟不分离对周围环境有一定污染；欧式油烟机强调电动机功率适中，小噪声、节能环保，但吸油烟效果较差。

## 2 侧吸式抽油烟机

新型的油烟机，烹饪时从侧面将产生的油烟吸走，采用了侧面进风及油烟分离的技术，使得油烟吸净率高达99%，油烟净化率高达90%，但噪声较大，款式较少。

水电改造基础知识

水电材料全知道

学会识图看图

水路施工全知道

Chapter 5

电路施工全知道

## ③ 下吸式抽油烟机

款式少，多与灶具结合，安装限制性较大。下吸式抽油烟机主机直接放在灶具上面，能隔绝污染源，排油烟效果极佳，彻底地解决了厨房油烟向四周扩散问题，避免造成厨房污染。

## 一学就会的抽油烟机安装技巧

### ① 最后再安装抽油烟机

安装抽油烟机的最佳时间是所有装修完成后，可以避免弄脏设备。油烟机不能安装在木质等易燃物的墙面上，安装抽油烟机的墙面应为不可燃物；不能安装在使用固体燃料的炉具的上部，不能与其他电器共用烟道。

### ② 安装前的准备

开箱后请按照装箱清单仔细检查产品配件是否齐全，有无损坏。检查产品各部件安装是否正确、螺钉是否紧固，避免运输过程中可能出现的损坏，影响产品使用。

### ③ 安装位置应与灶具同一轴心

抽油烟机应安装在灶具正上方同一轴心线上，且应保持左、前、后位置的水平，抽油烟机底端到灶面的距离应为650~750mm（侧吸型机可适当降低200~400mm），不宜安装在空气对流较大的地方。

## ④ 安装先画线

在墙面上找出烟机挂板安装位置，用铅笔画好线，画线时请使用水平仪，以确保抽油烟机安装水平。在安装位置钻好孔，用十字螺钉将包装箱附带的烟机挂板固定在墙上。

## ⑤ 挂好后应无晃动

将抽油烟机挂到挂板上后，应确保抽油烟机无晃动和脱钩现象并尽量保证水平。将排烟管的一端与抽油烟机上的出风口连接，另一端则与共用烟关系密切或外墙上的墙孔连接。

## ⑥ 别忘进行测试

按下"电源"键，按下"照明"键，左右照明灯亮，再按一次，键弹起，照明灯熄灭。按下"高速"开关，电动机高速运转，按下"低速"键，电动机变为低速运转，可循环操作，按"停止"键一次，电动机停止运转。

### TIPS:
**抽油烟机安装注意事项**

(1)抽油烟机排出的气体不应排到用于排出燃烧煤气或其他燃料的烟雾使用的热烟道中，以防火灾的发生。

(2)抽油烟机在炉灶消耗煤气或其他燃料时使用，房间必须通风良好。

(3)注意安装距离，不能让炉火直接烘烤抽油烟机。

(4)安装时，必须使用可靠接地的电源插座。

(5)如果电源软线损坏，必须用专用软线或从其制造厂或维修部买到的专用组件来更换。

(6)如果不按说明规定方法安装和清洗，抽油烟机有起火的危险。

(7)更换灯泡时，请先拔掉电源，每只灯泡功率不大于20W。

# 滚筒洗衣机的安装

水电改造基础知识

水电材料全知道

学会识图看图

水路施工全知道

电路施工全知道

Chapter 5

①滚筒洗衣机属于家庭常备电器之一，在安装之前建议先验货，不仅要检查外观，还应查看一下滚筒内部有无损伤。

②检查没有问题后，就可以去除泡沫底座和运输螺钉。

③而后调整平整度，就是使洗衣机水平，避免洗衣过程中的晃动，如果安装在卫浴间，带有坡度的地面调平要难度大一些。之后连接进水和排水，最后还应注意检测零线和底线的接入是否正确。

一看就懂的滚筒洗衣机安装步骤

## 1 安装先验货

先检查外观有没有磕碰、凹陷、裂纹、划伤，排水管插头有没有被挤压变形。并且查看机器面板与顶盖，前箱体和左右箱体，后盖的缝隙是否一致；检查内筒有无磕碰凹陷，门体内侧有无裂痕，门封圈是否变形。

## 2 去除泡沫底座

滚筒洗衣机包装时下方都有一块泡沫底座，需要去掉，正确方法是用一块泡沫垫着后部，然后抬起底部，取出泡沫底座，正确地取出可以，免非全封闭底盘的洗衣机有泡沫碎屑进入，并且泡沫底座不会损坏以后搬家还能继续使用。

## ③ 拆除运输螺钉

为了避免运输时内筒晃动碰撞外筒和机门导致损伤，在运输时会用固定螺钉将其固定在机器后箱体上，拆除后需要用附带的孔塞堵好。切记不拆除直接使用，在脱水时所有的震动都会引起整机一起震动，可能导致机器严重损伤变形，且无法复原。

## ④ 调平整度

先检查对角，如果不晃动就应该同时调起低的那一侧，然后再检查对角有无晃动，如果不晃，就完成调整。如果按压对角发现晃动就调高相对晃动小的那个角，小幅度调整，重复此过程直到按压对角机器稳定，再用扳手把锁紧螺母锁死。

## ⑤ 进水管先弄清派别

滚筒洗衣机的上下水连接方式和波轮机有所不同，滚筒洗衣机进水管分为两个派别：一个是中日韩，一个是欧美系。两种进水管的连接洗衣机一端都是六分的直角弯头，欧美系的弯度更小，更方便靠墙。

## ⑥ "中日韩"进水管连接

中日韩的洗衣机都是快捷接头，偏短四珠滑动卡入，非常方便。家中如果预留了洗衣机专用水龙头，只需要把水管的转换头取下，滑动插入即可。

## ⑦ 排水管连接

根据所购买的洗衣机的构造安装，大部分直接插入到排水地漏中即可，少部分从机器底部引出的，需要先提起50cm再放下。

## 8 接地线

在滚筒洗衣机使用过程中，滤波器将产生很小的泄漏电流。要保证此元件正常工作，机器应接地良好。如果不接地，空气湿度较大的时候，可能会有类似触电的感觉。注意地线不可以接到燃气管道上。

## 9 零相线确认

应当注意插座的零相线，有些机器的相线一端会用不同的导电材料和串联熔丝。L 代表相线，n 代表零线，正面看插座的时候相线在右侧。用电笔可以测试出来。同时插座要求 10A，2500W。

## 10 通电测试机器

通电试机的目的是检查各个部件是否正常工作，机器有无漏水，功能是否缺项，然后将出场时的水和内筒的润滑油清洗掉。如果有问题应马上联系厂家调换，避免损失。

---

### TIPS:
### 滚筒洗衣机安装注意事项

从运输螺钉看质量：在拆除运输螺钉的时候，如果发现螺钉很难拧出，或者拧出已经严重弯曲，甚至后盖变形，大部分是因为运输时颠簸或者重落地，就应打开后盖，检查内筒是否出现裂痕或者发白，如果有，要求售后开鉴定单，换机。

安装地点选择：安装地点也要注意，尽量不要安放在木制地板上，要在坚实的地面上，不能垫任何物体。尽量靠水龙头和下水道近的地方，如果安装在卫生间，卫生间一般都有坡度，调平的时候就要仔细些。

水电改造基础知识

水电材料全知道

学会识图看图

水路施工全知道

电路施工全知道

Chapter 5

# 家用除湿机的安装

**水电快照**

①南方潮湿的季节非常适合安装一台除湿机，选择除湿机应根据居室的面积选择，太小不能满足除湿力度，太大会造成电力的浪费。

②除湿机的除湿能力越强，耗电越多。

③建议购买具有除湿控制力的除湿机，可以避免将空气湿度降得超过人体的舒适湿度。

④除湿机的摆放位置很重要，需要放在空气流通的位置上，但要避开其他电器以及不能放在空调下面。

 **一看就懂的家用除湿机安装技巧**

## ① 根据面积选择容量

买除湿力太小会让除湿机负担太大，除湿力太强又会消耗多余电力，一切应依需求来选择。如室内面积为6m²，$3.3 \times 6 \times 0.24 = 4.8$，可以购买5L容量。也可以简化成1：1的比例，譬如6m²就买6L容量。

## ② 除湿能力越强耗电量越大

通常除湿力越强的除湿机耗电量越大，传统压缩机式的 B 式除湿机可以除湿 12L，每日的 (L/DAY、30℃ RH80%) 耗电量为100~150W/h，除湿量为 20L 每日的 (L/DAY、30℃ RH80%) 耗电量为 200~250W/h。

## ③ 购买具有除湿控制能力的

没有除湿控制能力的机器，有时会导致房间低于人体最适的湿度(45%~65%湿度)，会使人感到不舒服，嘴唇会干裂和感到口渴。最好选择有除湿控制能力的除湿机。

## ④ 除湿能力与除湿温度

天气越冷除湿力就会越低，当室温低于压缩机式除湿机的可用范围就几乎没有除湿能力了。新型的除湿轮式除湿机虽然没有越低温除湿力越低的问题，但低于室温1℃以下除湿轮式除湿机依然是没有除湿力的，除湿轮式除湿机的温度使用范围是 1~40℃。

## ⑤ 除湿机应放在空气流通的地方

除湿机应放置在家居中空气流通的地方，避免放在死角，会造成气流短路，达不到需要的除湿效果。同时应放置在坚固平坦的地方，以免产生振动及噪声，避免日光直射或接近发热器具。

## ⑥ 放在1m左右的桌子上最合适

由于家用除湿机采取的是微电脑控制，湿度传感器是精密仪器，所以在强腐化的气体空气净化器和大尘埃环境中应用便会使仪器失灵。最好是把家用除湿机放置在1m左右高的桌子上，这样喷出的湿气能更好地在室内流通，让湿气利用率最大化。

## ⑦ 不建议放在电器附近

家用除湿机不应放置在电器旁边，否则会严重地影响电器的绝缘性能，很有可能会出现高压打火的现象；也不建议把除湿机放置在空调的出风口下方，否则会导致空调元件受潮。

# 壁挂电视机的安装

**水电快递**

①壁挂电视美观又节省空间，但安装要求较高，如果安装不好，不仅影响美观，还会危害安全。

②壁挂电视安装在墙面上，一般是采用挂架来固定的，这就要求挂架的质量要好，能够承受住电视机的重量并保证使用的时间。

③安装壁挂电视，对墙面的材料有要求，墙面要求坚固、结实，必须是实心砖、混凝土等材料。如果墙面材料不符合安装要求，就需要采取措施加固。

④有装饰层的墙面固定件需要穿过装饰层，再与后面的墙面固定，不同的装饰层处理方式也不相同，如玻璃和大理石，可以根据材料具体选择固定方式。

⑤安装壁挂电视的步骤可以总结为：固定挂架、安装电视、调整水平度、测试电视。

## 安装壁挂电视工艺要求高

采用壁挂的方式安装液晶屏电视，不仅节省空间，又大方、美观，深受人们的喜爱，安装壁挂电视是大多数家庭的选择。但是安装壁挂电视并不简单，对安装环境、安装墙面、安装工艺等要求较高。如果安装不好，不仅影响收看效果，还有可能导致安全事故。因此，为确保安装质量，保证家居安全，了解安装壁挂电视的注意事项是必要的。

▲壁挂电视"上墙"是最节省空间的安装方式，但并不是所有墙面都合适，若不适合悬挂还可以摆放。

水电改造基础知识

水电材料全知道

学会识图看图

水路施工全知道

Chapter 5

电路施工全知道

# 一学就会的壁挂电视机安装技巧

## ① 壁挂电视的固定

电视挂到墙面上，一般都是利用挂架固定来实现的。通过将相匹配的挂架固定到墙面上，然后再将电视固定到挂架上，从而实现电视挂到墙面而不掉落。但是要牢固地挂在墙面上，挂架的质量就显得非常关键。电视挂架一般可分为可调节角度挂架和固定角度挂架。

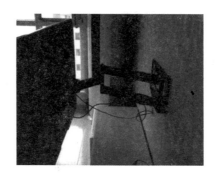

## ② 安装壁挂电视的墙面要坚固

关于壁挂电视安装面的要求，安装面需要坚固结实，并有足够的承载能力。安装面为建筑物的墙壁时，必须是实心砖、混凝土或其强度等效的安装面。

如果安装面为材质疏松的安装面，如旧式房屋砖墙、木质等结构，或安装面表面装饰层过厚，其强度明显不足时，应采取相应的加固、支撑措施。

## 电视挂架的选择

| | |
|---|---|
| **安装的方便性** | 壁挂架应选择便于安装和拆卸的款式，且拆卸下来以后能够不破坏墙面和架子本身 |
| **材质防锈程度** | 壁挂架直接接触墙面，如果防锈、防腐性能不佳，会对墙面造成污染，同时影响安全性和环保性，所以要求选择的壁挂架具有强力的防锈效果 |
| **安装的适用性** | 通常来说，所有的壁挂电视搭配挂架是能够将电视固定在墙面上的，但是不同型号也存在一些区别，如果需要单独购买挂架，需要考虑清楚型号的对应问题 |
| **看承载力** | 若自助安装壁挂电视，需保证挂架的承载力不低于电视机的4倍重量值 |

### 3 不符合要求的墙面可加固

如果墙面建筑结构不符合安装要求，需要采取相应的加固、支撑措施。加固主要是针对壁挂电视的局部墙体进行的：一是将墙体打开，在局部灌注混凝土；二是在局部墙体两面加入握钉力比较好的板材。

### 4 有装饰层的墙面需要穿过饰面层

对于有装饰层的电视背景墙，安装壁挂电视打孔时，要穿过饰面层，螺栓必须打进饰面层内部的墙体;如果墙体是水泥或实心砖墙，壁挂电视就可挂在墙体上;如果是轻钢龙骨墙结构，则可将电视挂在龙骨上。

### 5 穿过玻璃、大理石需要专用钻头

当安装墙面外罩装置玻璃、大理石等安装面时，打孔需使用专用钻头，打孔中注意用冷水进行冷却，防止材料破裂；玻璃、大理石与安装面之间空隙过大应加一垫片，必要时应加长螺钉的长度，以保证安装牢固。

### 6 安装前需要做好准备

安装壁挂电视前，需要准备好安装工具、电视机产品、挂架等，并且安装区域需要处理好。

壁挂电视的观看距离至少为电视显示屏对角线距离的3～5倍，安装高度应以人坐在凳子或沙发上，眼睛平视电视中心或稍下为宜，一般电视的中心点离地为1.3m左右。

# 一看就懂的壁挂电视机安装步骤

水电改造基础知识

水电材料全知道

学会识图看图

水路施工全知道

电路施工全知道

Chapter 5

## 1 组装壁挂并固定在墙面上

根据壁挂架的说明书，组装好壁挂架。根据电视安装位置，标记出挂架安装孔位，然后在标记位钻孔。接着利用螺丝钉等固定住挂架。

## 2 安装过程需要小心、谨慎

有些电视机后背需要先组装好安装面板，然后挂到壁挂架上，有的则可以直接挂到挂架上，用螺丝钉等紧固。安装过程需小心谨慎，搬动整机时应轻拿轻放，并应准备铺垫物。

## 3 挂好后调整水平度

悬挂完成后需用水平尺测量，调节挂架螺钉使显示屏完全处于水平位置。电视安装的整机位置平移误差应小于1cm，左右倾斜度误差小于1°。此外，还应按照使用说明书的要求进行试机。

## 不同材料墙面的挂架悬挂方式

| | |
|---|---|
| **普通砖墙** | 只需要用冲击钻在墙面钻孔，安装膨胀螺栓挂上电视机即可 |
| **石膏板墙** | 定位完成后，在挂架的上孔处放一块2cm厚的木板条，然后再使用自攻螺钉同时穿过木板和石膏板 |
| **大理石墙** | 整块的大理石需要用玻璃钻头钻孔，之后安装膨胀螺钉，固定挂架 |
| **玻璃墙** | 若玻璃后方为砖墙，用玻璃钻给玻璃打孔，再继续给砖墙打孔，选择膨胀管大的螺钉作为填圈，然后上紧螺钉。若玻璃后为板墙，需要给玻璃钻孔，而后用自攻螺钉自攻，固定挂架。 |

# 嵌入式烤箱的安装

① 嵌入式烤箱比起传统的可移动烤箱来说，更美观、更整洁。但同时，如果需要搬家，处理起来就不太方便，购买新的橱柜还是需要为它预留空间。

② 若计划安装嵌入式烤箱，在购买橱柜时，就需要清楚烤箱的尺寸，保证能够将它放到橱柜里。

③ 安装烤箱的柜子，需要采用耐高温的材料，以保证使用的安全；烤箱不要跟冰箱放在一起，否则会影响冰箱的制冷，还会破坏冰箱的制冷系统。

④ 安装嵌入式烤箱插座不要放在烤箱的后面，可以放在旁边的柜子里，不然进深不够放机体，控制插座也不方便。

⑤ 安装烤箱时要留一定的空隙用于空气的流通，严密而没有缝隙的安装会影响使用性能。

## 嵌入式烤箱让厨房更整洁

在生活质量大大提高的今天，嵌入式烤箱也进入了家庭常备电器的行列之中，它是小烤箱的升级版。烤箱嵌入让厨房不再零乱，使厨房显得更为整洁、干净。它能够与厨房家具形成统一的风格，使空间更加整洁，人在厨房中活动也更加方便。但缺点是，如果居住地址有变动，就需要为烤箱重新设计橱柜，比较麻烦。

▲ 嵌入式烤箱能够让厨房看起来更整洁、更美观，但相对的搬动或改变位置就显得不太方便。

# 一学就会的嵌入式烤箱安装技巧

## 1 预留位置

嵌入式烤箱由于嵌入的美观性，要求针对所选择烤箱的尺寸，在橱柜留个合适的尺寸空间进行安装。橱柜留孔确保深大于555mm，高580~590mm，宽560~595mm，购买橱柜时要特别注意深度值。

## 2 插座不要放在柜子后方

高度可以稍高点，如果橱柜的深度不足，后面有后背板，可以把后背板拆掉，增加进深。不要把烤箱的插座留在烤箱柜子的后面，而要留在旁边的柜子里，不然进深会不够。

## 3 橱柜应使用耐高温材料

因为烤箱在使用过程中温度非常高，安装的橱柜必须采用电器专用的耐高温材料，以保证安全。烤箱只可以一面靠墙或一面由柜体面板超过烤箱面板，旁侧不要安装冰箱，否则冰箱会消耗更多能量来达到制冷效果。

## 4 保留一定的空隙保证空气流通

为了防止相邻橱柜门板被高温损坏，要求烤箱前面板和橱柜柜体之间留有一定的空隙用于空气流通。所有的通风孔隙或通风口都不可以被遮盖，否则会影响机器的使用性能。

# 家用消毒柜的安装

①现在人们越来越重视健康问题，为了减少细菌从口入，嵌入式消毒柜也走进了家庭，它的主要作用是对餐具进行消毒。

②由于是嵌入式的结构，就涉及橱柜为其预留空间的尺寸、插座的位置、安装的位置等一系列问题；嵌入式消毒柜还分为双门和三门两种，所以建议提前购买回来，按照尺寸进行一系列的设计。

③安装消毒柜的空间，尺寸要求略大于消毒柜外形尺寸，在安装的后部位置，还应按照要求开孔，这样做有利于通风散热，延长机器的使用年限。

④消毒柜安装完毕后应平稳牢固，距离燃气应保持至少15cm以上的距离。

⑤消毒柜使用后，不能直接去拔掉插座，应安装一个全极断开装置，同时应对插座做接地处理。

## 嵌入式消毒柜让厨房更整洁

消毒柜是通过紫外线、远红外线、高温等方式给一些餐具等东西进行消毒，在家庭中它的作用主要是对餐具进行消毒。家用消毒柜多为嵌入式，非常美观，能够与橱柜搭配成一体，因为是嵌入式，所以安装时就应多注意尺寸方面的问题。还需要注意的是，连接消毒柜的插座，必须做有效的接地处理，并按照要求安装全极断开装置，提高使用的安全性。

▲嵌入式消毒柜能够让厨房看起来更整洁、更美观，但相对的搬动或改变位置就显得不太方便。

# 一学就会的家用消毒柜安装技巧

## ① 根据家庭人口选择大小

购买消毒柜应考虑家庭人口数量、消毒食具的种类等多种因素，如人口多要选购大容量柜。消毒柜设有消毒、保温、烘干、开门报警等多种功能，带有电脑消毒功能的使用更方便。

## ② 安装开孔时先弄清柜体尺寸

嵌入式消毒柜又分为双门和三门两种，这两种尺寸相差比较大，建议在安装橱柜前就将消毒柜购买回来，设计橱柜时为它预留空间，并等橱柜到位后实际测量消毒柜尺寸再进行打孔。

## ③ 安装空间应大于消毒柜尺寸

安装嵌入式消毒柜的空间，尺寸应略大于消毒柜的外形尺寸。在消毒柜的后部适当位置，开出一个120mm×120mm的方形通气孔，通气孔的尺寸最小不少于50cm×50cm，以利于通风散热和除湿。

## ④ 需要安装全极断开装置

消毒柜应安装平稳牢固，不得倾斜；与燃烧器具及明火应保持安全距离15cm以上，要远离水源。消毒柜的电源，应加装一个保证驻立式器具至少3mm触点开距的全极断开装置，以便于控制消毒柜的电源通断。

# 关注等电位

① 等电位指两点之间电压相等或接近，它不是零电位和地电位，因此不能用接零接地互相替代，设置了接零接地也并不能完全避免触电事件发生。

② 在我们不重视的区域，每年都发生着大量的卫生间触电致死事件，原因是多样化的，但总的来说都是因为没有设置等电位，将其作为摆设。

③ 引起卫生间触电，一是因为人体本身，二是因为建筑等外部原因，设置等电位，能够保证洗浴更加安全，避免触电，所以说卫生间连接等电位是必要的。

④ 将洗浴时能用手触摸的金属件以及地线，全部连接到等电位端子箱上，就完成了等电位的连接。

## 什么是等电位

等电位是指两点之间的电压相等或接近。等电位不是零电位和地电位，因此不能与接零接地混淆，不能相互替代。等电位两点的电压可以分别是从0V到任意数值。

根据欧姆定律：$I=(U_a-U_b)/R$，人在卫生间洗浴时，由于人体电阻大幅降低，通过人体的电流就会增大，所以极易发生触电。

▲家庭等电位设置，直接关系到人身安全，应引起足够的重视，电改若遇到等电位箱绝对不能动。

**一看就懂的等电位知识**

## 1 等电位的原理

$I$ 通过人体的电流 =［$U_a$（手接触的电位）$-U_b$（脚接触的电位）］/$R$（人体电阻），如果 $U_a=U_b$，无论人体电阻怎样变化，通过人体的电流永远为零。

## 2 卫生间等电位设置

卫生间等电位就是根据这一原理，通过导体（电线、连接线、抱箍）将卫生间洗浴时脚站立的地面 b（原建筑内扁钢）与伸手触及的可能带电的通水金属管道和家电的金属外壳 a 相连接，使得两点间由于漏电、雷电、静电而产生的危险电位相等。

## 3 触电是住宅意外伤亡的头号杀手

我国住宅内每年平均发生的意外伤亡事件中由于煤气使用不当、泄漏和爆炸引起的约数十起，由于用火不慎引发的火灾约数百起，但我们还不知道的是，头号隐形杀手并不是煤气和火灾，而是卫生间的洗浴触电伤亡。

## 4 99%的卫生间都没有设置等电位

我国住宅内卫生间洗浴触电伤亡事件每年都超过 1000 起，已成为中国家庭最大的安全隐患事故。但调查和检测结果却出人意料，电热水器并不完全是肇事的"罪魁祸首"，中国家庭用电环境的复杂，才是导致卫生间频繁发生洗浴触电事件的真正"元凶"。而更为令人担忧的是，99% 的消费者并不知道洗浴时可能存在着潜在威胁，99% 的卫生间没有采取必要的防范措施。

# 5 忽视等电位带来的危害

根据相关资料统计：我国住宅内每年平均发生的意外伤亡事件中由于煤气使用不当，泄漏和爆炸引起的约数十起，由于用火不慎引发的火灾约数百起，但是头号隐形杀手并不是煤气和火灾，而是卫生间的洗浴触电伤亡事件。

分析一下 2013 年 40 余起部分典型案例，造成 50 条生命瞬间消失的原因，却真的让我们"匪夷所思"。

安装在厨房的燃气热水器和室外的太阳能热水器居然带电；

邻居家电器、电线故障和自家客厅插座故障，本应起保护作用的地线，反而成为传导危险电压的"夺命线"；

在卫生间洗手、洗衣服也能触电伤亡，住宅内唯一有效的防止人身触电、应该起保护作用的漏电保护器，此时却形同虚设；

这些看似偶然发生的事件，背后有没有必然的内在联系？原因究竟是什么？

答案是肯定的：造成洗浴触电的原因不止一个。

水电改造基础知识

水电材料全知道

学会识图看图

水路施工全知道

电路施工全知道

Chapter 5

# 6 人体触电的内部原因

人的心脏可以承受约30mA的安全电流（人的心脏所承受的最大安全电流约30mA）。在干燥的环境中，皮肤表面的电阻为2000～4000Ω，因此能够接触的安全电压是24～36V。但在洗浴时，潮湿皮肤的表面电阻急剧下降到200Ω以下，此时即使接触到很低的电压，也能造成触电伤亡，由于在潮湿环境里身体丧失了防触电能力，常规的防漏电装置失去了保护作用，这是造成洗浴触电的主要内在原因。

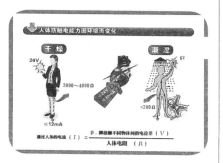

# 7 人体触电的外部原因

钢筋结构的建筑物，电闪雷鸣的气象变化、家用电器和线路的故障，以及将单元内，或建筑内，甚至小区内的住宅连接成一体的三相五线制供电线路的意外故障，是造成洗浴触电的主要外部原因。

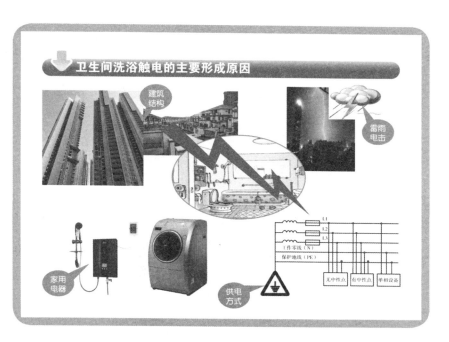

## ⑧ 等电位设施在我国多成为摆设

  20 世纪 70 年代，国际上就对频繁发生的洗浴触电高度重视。IEC 将卫生间列为住宅高危电击场所，明确提出"防漏电、防静电、防雷电"的要求，并制定了严格的国际标准。我国 2005 年以后的新建住宅，卫生间预留等电位装置，成为必需的交付条件。当今，虽然数亿家庭已有卫生间局部等电位装置，但并未进行有效的联结，成了摆设。

## ⑨ "法拉第笼"定律

  如果将洗浴时站立的地面，与手能触摸到的卫生间内任何可导电物体进行联结导通，即使有再高的危险电压产生，但此时手脚之间电压相等，没有电位差，就不会有电流通过人体。这就是局部等电位的原理，在科学界称为"法拉第笼"定律。

  建筑时，将卫生间地面、墙面或圈梁的钢筋，经过特殊联结成互通的整体，通过预留的镀锌扁钢，在装修时与外露的可导电部件进行联结，就组成了卫生间局部等电位装置。虽然等电位装置不能避免故障电压的发生，但是一定能够保证等电位范围内的洗浴安全。

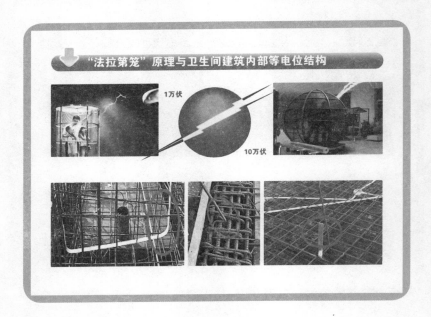

# (10) 那么卫生间等电位应该怎样连接呢？

　　卫生间局部等电位的连接虽然并不复杂，也不需要太多的费用，就可以起到保护洗浴安全的作用。但事关人命，应选择具有等电位施工规范的装饰企业，使用标准的连接器件，由经过培训的专业人员，严格依照国家标准进行连接和检测。

　　那么卫生间的等电位怎么连接呢？

　　首先，洗浴时伸手可以触摸到暴露在墙体外的、通水的金属管道和部件，应通过导线与等电位装置联通，使导电的金属部分与地面电位相等。

　　其次，卫生间所有插座中的 PE 线，也就是我们俗称的地线，应分别用导线与等电位装置联通，使导电的电器外壳与地面电位相等。

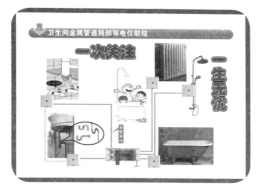

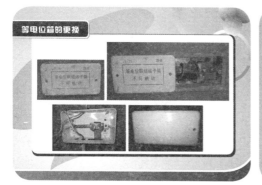

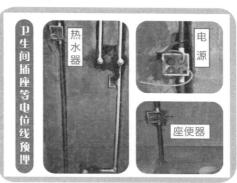

# 附录：家装水电验收项目

## 水电工程应分阶段验收

家装水电改造工程的验收，可以划分为三个阶段：一是开工之前检验毛坯房的水电；二是完工后槽路封闭后，对所有项目进行检查；三是最后收尾阶段的验收，水路包括洁具、五金的验收，电路包括开关、插座、灯具的安装等。每一阶段验收的侧重点都不同，可以以下面的表格作为参考。

### 第一阶段验收内容

| | |
|---|---|
| 水路 | 查看原有的供水管，材料是否符合卫生、质量要求 |
| | 打开水龙头，看水管内是否有水、水有无杂质、有无堵塞 |
| | 查看所有的阀门是否灵活、有没有缺损，截止阀有无生锈 |
| | 查看水表是否安装到位，数值是否从零开始，是否存在水表空走、阀门关不严或脱丝、连接件滴水等问题 |
| | 对上水管进行打压试验，检验是否能够正常使用，有没有渗水现象 |
| | 检查所有的下水管，看是否下水通畅没有堵塞，是否有渗漏现象 |
| | 用乒乓球检测一下地漏的坡度，看球从各个角度是否都能滚动到地漏的位置 |
| | 查看用水空间是否做了防水、防潮处理 |
| 电路 | 拉下室内的总闸、分闸，看是否能够完全地控制室内供电 |
| | 打开所有的开关，看是否全部能亮 |
| | 试下所有的插座，查看是否通电 |
| | 查看电表是否通电，运行是否正常 |

# 第二阶段验收内容

| | |
|---|---|
| **水路、电路** | 检查材料是否符合卫生标准和使用要求，型号、品牌是否与合同相符 |
| | 定位画线后，检查一下定位及线路的走向是否符合图纸设计，有无拉下项目 |
| | 检查槽路是否横平竖直、槽路底层是否平整无棱角 |
| **水路** | 检查水管的敷设是否符合图纸和规范要求，连接件是否牢固无渗水，阀门、配件安装是否正确、牢固 |
| | 给水、排水管道均不能从卧室穿过，查验是否符合 |
| | 水管嵌入墙体不小于15mm，出水口水平高差应小于3mm |
| | 进行打压试验，主要检测管路有无渗水情况，如有泄压，先检查阀门，阀门没有问题再查看管道 |
| | 检查二次防水的涂刷情况，是否符合要求，装有地漏的房间坡度是否合格 |
| | 做闭水试验后，检查防水处理是否到位，有无渗水 |
| **电路** | 检验材料是否为合格品，所选电线的大小是否符合敷设要求 |
| | 检查电路管道的敷设，是否符合规范要求，包括强电管路和弱电管路 |
| | 查看电线穿管情况，中间是否没有接头，盒内预留的电线数量、长度是否达标，吊顶内的电线是否用防水胶布做了处理 |
| | 与水路相近的电路，槽路是否做了防水、防潮处理 |
| | 电箱和暗盒的安装是否平直，误差是否符合要求，埋设得是否牢固 |
| | 电箱的规格、电箱内的空气开关设计是否与图纸相符 |
| | 电线与其他线路的距离是否达到要求数值 |

水电改造基础知识

水电材料全知道

学会识图看图

水路施工全知道

Chapter 5

电路施工全知道

# 第三阶段验收内容

| | |
|---|---|
| **水路** | 马桶下水是否顺畅，冲水水箱是否有漏水的声音 |
| | 地漏安装是否牢固，与地面接触是否严密 |
| | 浴缸、马桶、面盆处是否有渗漏 |
| | 各个龙头安装是否正确，能否正常使用 |
| | 在面盆、浴缸中放满水，打开排水阀，观察排水是否顺畅 |
| | 花洒的高度是否合适，花洒出水是否正常 |
| | 打开浴霸及排气系统，看是否运作正常 |
| | 检查水管及洁具上是否有未清理干净的水泥等难以去除的污物 |
| **电路** | 用相位仪检测所有插座，是否有接错线的情况 |
| | 检查所有墙壁开关开合是否顺畅、没有阻碍感 |
| | 检查同一个室内的开关、插座高度是否符合安装规范，误差是否在要求数值之内 |
| | 检查各个开关、插座安装是否牢固，打开开关，检验是否所有的灯都能亮 |
| | 打开电箱，查看强电箱、弱电箱是否能够完全对室内线路进行控制 |
| | 强电箱内是否所有电路都有明确支路名称，电箱安装是否牢固，包括内部分闸 |
| | 所有弱电插口包括电话、网络、有线电视是否畅通 |
| | 距离地面30cm高的插座是否有保险装置 |
| | 所有灯具安装是否牢固并符合规范要求 |